JN094528

地球惑星電磁気学

藤 浩明 著
Hiroaki Toh

京都大学学術出版会

序

　本書は，筆者が京都大学理学部および大学院理学研究科で，十数年にわたり行なってきた講義の一部をまとめたものである。講義の主な内容は，Geomagnetism and Space Magnetism であるが，Geomagnetism の訳語「地球電磁気学」と Space Magnetism のそれ（惑星電磁気学）とを併せ，「地球惑星電磁気学」と銘打つことにした。

　今から 30 年以上前，筆者が地球電磁気学を志した時に奨められて読んだ本が，力武常次先生の『地球電磁気学』（岩波書店，1972 年）であった。改めて手に取って繰ってみると，筆者達の先生に当たる世代は，Chapman and Bartels の "Geomagnetsim" で地球電磁気学を学ばれたようである。また，本書の主要な項目の一つである「地球内部電磁誘導」については，筆者の学生当時まとまった教科書も無かったため，Schmucker, U. "Anomalies of geomagnetic variations in the southwestern United States" で学んだものだったが，これは米国スクリップス海洋研究所の研究成果報告（紀要）であった。

　いずれにしても，ここで挙げた書物は，この分野における古今の名著であり，それぞれの著者の学識に筆者は遠く及ばない。しかし，如何せん内容が古くなっていたり，大部に過ぎ初学者には難解であったり，使用している単位系が現在と異なるがために理解に余計な時間を要したりと，現代の学生諸君には敷居が高い面が多いのも確かである。京大理学の学生を教えながら，この分野の新しく平易な入門書の必要性を感じていたことが，本書執筆の大きな動機の一つとなった。加えて，パイオニア 10 号以降の惑星探査機群の成功により，Space Magnetism が飛躍的に発展したことも，もう一つの理由になっている。

　本書は全 8 章からなるが，いずれの章も講ずるのに 2 コマ 4 時間弱の時間を要するであろうから，本書 1 冊を使った半期 13 〜 15 週分の講義は十

分可能だろう。地球惑星電磁気学の基礎となる電磁場の支配方程式系から出発して，地球や惑星あるいはそれらの衛星といった天体が持つ磁場の空間分布とその時間変化へと進み，天体内部を電磁誘導現象でどう探るかまでが，本書の主な内容である。さらに最後の章では，地球という惑星を特徴づける「表層海」の中で発生する自然電磁場について解説を試みた。ただし，入門書という位置づけから，各天体内部で起きている磁場発生作用（ダイナモ作用）や電離圏／磁気圏のダイナミクスについては各章で現象論的な記述に留まり，その原因やメカニズムについて詳しく論じられなかった点はご容赦願いたい。

出版に当たり，以下の方々のご尽力が無ければ，本書が世に出ることは無かっただろう。本書の起案から筆者の力となり，拙稿の校閲・校正を手掛けて頂いた京都大学学術出版会の永野祥子さん。初稿の校正を手伝ってくれた地磁気センターの筒井達子さん。筆者の読みづらい手書きの図原稿を，丹念に電子化してくれた京都大学地球惑星科学専攻大学院生の山科佐紀さん。ガリレオ衛星に加わる外部磁場の図を提供してくれた同じく大学院生の桃木尚哉君。第8章最終節の数式を辛抱強く追ってくれた神戸大学理学研究科惑星学専攻の南拓人君。多忙な中，第4章の前半を精読してくれた京都大学理学研究科地球惑星科学専攻の齊藤昭則氏。すべての原稿に目を通し，貴重なコメントを加えてくれただけでなく，筆者と最後まで根気よく議論してくれた東京大学地震研究所教授の清水久芳氏。そして，全体を通読して有益な助言を下さった竹田雅彦先生。記して深く感謝申し上げる次第である。

令和四年夏

京都にて　藤　浩明

目次

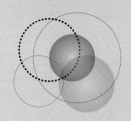

第1章
地球電磁気学から
地球惑星電磁気学へ

　この章では，まず**地球惑星電磁気学**が対象とする自然，すなわち，太陽系とその周辺空間について概略を述べた後，地球や惑星あるいはその衛星といった太陽系内の天体を「磁場」を使って調べる際に，どうしても必要となる数学と物理について，できるだけ平易に解説する。地球上や宇宙空間で磁場を観測することによって地球惑星の何が分かるかを考えながら読み進めると，この学問分野に対する興味がより深まるだろう。

§1-1　地球惑星電磁気学とは

　地球惑星電磁気学を英語で記せば，Geomagnetism and Planetary Magnetism になる。Geomagnetism の訳語は，地球磁気学より**地球電磁気学**の方がより適切である。この章で示す通り，電気と磁気は互いに他の原因となる存在だからである。したがって，Planetary Magnetism についても，惑星磁気学ではなく**惑星電磁気学**とするべきだろう。本書では，地球の枠を超えて，われわれの惑星系すなわち太陽系を電磁気学を使って捉え直してみる。

　地球を一歩踏み出せば，そこは広大な宇宙である。しかし，人類がそこへ足を踏み入れるようになって以来，宇宙にも上空数百 km に存在するご近所さんと，人類が逆立ちしても実際にはけっして到達しえない**深宇宙**の別があ

ることも知られるようになった。

　太陽から吹き出すプラズマ流である**太陽風**は，地球惑星電磁気学の重要な要素である。そして，太陽風自体は，星間プラズマとの区別がつかなくなる**太陽圏界面**まで及んでいる。太陽圏界面までの距離は，近い所では50天文単位くらいであろうと推定されているのに対し，現宇宙の地平は138億光年の彼方にあるとされているので（1光年は約63241天文単位），太陽圏界面ですらごく近傍と見ることもできる。しかし，本書の対象とする領域は，まさにご近所である地球および**ジオスペース**と呼ばれる地球周辺空間に加えて，太陽系の天体の中でその内部から発生する磁場，すなわち**固有磁場**を持つことが知られている最も遠い天体である海王星までである。すなわち，深宇宙はもとより惑星が存在しない太陽系領域も本書の対象外とする。木星のような**巨大ガス惑星**や海王星のような**巨大氷惑星**に関する外惑星の探査史は第3章で解説するが，これらの外惑星について初めてまとまった知見をもたらしたのは，1977年に相次いで打ち上げられたVoyager 1号と2号であった。それから半世紀近く経った今もVoyager 1号は現役であり，現在では「地球から最も遠く離れた人工物」となっている。天王星・海王星を訪れた唯一の探査機であるVoyager 2号も，太陽圏界面を通過して星間空間に進出し，現在ではVoyager 1号と共に星間探査機になっている（Burlaga et al., 2019）。驚くべきことにこれらの探査機は，今なお磁場観測を行なって，そのデータを地球へ送り続けている。

　距離の遠い近いに関わらず，宇宙空間に存在しているものは，恒星や惑星などの天体と，巨視的に見れば電気的に中性な荷電粒子の集合体，すなわち，**プラズマ**，および，重力場や光を含む電磁場のような物理的な**場**である。したがって，宇宙空間へ漕ぎ出した探査機は，荷電粒子や重力および電磁場を計測しながら，時折り惑星やその衛星のそばを通過（**フライバイ**）して旅を続けてゆくことになる。

　太陽圏が言わば太陽風プラズマにより定義されているのに対し，太陽の重力圏はそれとはまた別である。例えば，海王星軌道の外側からもやって来て，太陽の重力によりジオスペースにまで到達する天体に**彗星**がある。彗星は**長周期彗星**と**短周期彗星**の二つに大別されるが，天文学的には再来周期が200

年以内のものを短周期彗星と呼んでおり，その代表的な例がハレー彗星である。両者の起源はそれぞれ，**オールトの雲**と**エッジワースカイパーベルト**とされている。後者はベルトと呼ぶくらいだから円盤状の領域であり，小惑星帯や太陽の周りを公転する惑星などと共に**星周円盤**を形成する。前者は太陽を中心とする球殻状の領域と考えてよく，球殻の内側の面は最も近い太陽圏界面より遠くにある。いずれの領域も氷を主成分とする小天体からなっており，オールトの雲から太陽に引かれて飛来するものが長周期彗星，エッジワースカイパーベルトより近い所から飛来するものが短周期彗星と考えてよい。彗星は，現在の地球型惑星に存在する水の起源と関連して，惑星科学的にも重要な天体である。しかし，海王星より遠い領域では，彗星や冥王星も含めて固有磁場を持つ天体（以下，**磁化天体**と呼ぶ）は確認されていないので，彗星とその起源領域も本書では取り上げない。

　冒頭に記した通り，電気と磁気は不可分な存在である。次節で述べるように，磁場は荷電粒子の運動，すなわち，電流が流れた結果として現れる。今のところ**磁気単極子**は発見されていないので，**地球惑星圏**くらいの巨視的なスケールでは，磁場の源はすべて電流であると思ってよい。永久磁石が作る磁場も単極ではなく，必ず N 極と S 極が対になっていることからも分かる通り，磁性体が作る磁場も，原子分子レベルの微視的なスケールで流れている**磁化電流**がその源になっている。したがって，地球惑星圏で磁場を測定することにより，天体の内外に流れている電流の空間分布やその時間変化を知ることができる。それらから，天体内部の電気的構造や天体内外の電流系がどこにどんな強さで存在するか，すなわち，**磁気圏**や**電離圏**また磁化天体内部のダイナモ領域がどのような構造を持ち時間的にどう変動しているかを推定できる。これが，磁場を基に地球惑星圏を探究する学問「地球惑星電磁気学」の主な目的である。したがって本書では，第 7 章の最終節を除き，プラズマより磁場に重きをおくことにする。プラズマにまつわる地球惑星物理学については，他の良書を参照されたい。

　以下の節では，数物系科学の一分野をなす地球惑星電磁気学で必要となる電磁気学と数学について，順を追って解説する。

§1-2 マックスウェル方程式

電磁場の基礎方程式系であるマックスウェル方程式を，国際単位系を用いて書き下すと，以下の四つの線形な偏微分方程式にまとめることができる。

$$rot\vec{E} = -\frac{\partial \vec{B}}{\partial t} \tag{1.1}$$

$$rot\vec{H} = \vec{J} + \frac{\partial \vec{D}}{\partial t} \tag{1.2}$$

$$div\vec{D} = \rho \tag{1.3}$$

$$div\vec{B} = 0 \tag{1.4}$$

（1.1）～（1.4）式に出てきた各物理量は表 1-1 にまとめた。単位について一つだけ注意しておくと，磁束密度の国際単位 Wb/m^2 は，交流送電の提唱者でもあった Nikola Tesla（1856 ～ 1943）にちなんで T で表わしテスラと呼ぶ。ただし，1 テスラは非常に強い磁束密度に対応するので，実用単位としてはその 10 億分の 1 であるナノテスラ [nT] を本書でも用いる。また原則として本書では，上に→が付いた文字でベクトル量を，何も付けない文字でスカラー量を表わすことにする。また，ベクトル場の回転（rot）や発散（div）等については，巻末の付録 A を参照されたい。

（1.1）～（1.4）式のマックスウェル方程式に加えて，電磁場 $\vec{E}$, $\vec{H}$ とその他の電磁気的ベクトル量との間には，$\vec{E}$ と $\vec{H}$ が印加された媒質の電磁特性を表わす物性量（透磁率 μ [H/m]，**電気伝導度** σ [S/m]，誘電率 ε [F/m]）

表 1-1　電磁場に関わる物理量

記号	$\vec{E}$	$\vec{B}$	$\vec{H}$	$\vec{J}$	$\vec{D}$	ρ
名称	電場	磁束密度	磁場	電流密度	電束密度	体積電荷密度
国際単位	V/m	Wb/m^2	A/m	A/m^2	C/m^2	C/m^3

4

を介して，以下の三つの線形な構成則が成り立つとする。

$$\vec{B} = \mu \vec{H} \tag{1.5}$$

$$\vec{J} = \sigma \vec{E} \tag{1.6}$$

$$\vec{D} = \varepsilon \vec{E} \tag{1.7}$$

（1.6）式はいわゆる**オームの法則**を表わすが，もし電気伝導度 σ を持つ媒質（導体）が速度 $\vec{v}$ [m/s] で運動している場合には，磁場中で運動する電荷に働く**ローレンツ力**を考慮し，

$$\vec{J} = \sigma(\vec{E} + \vec{v} \times \vec{B}) \tag{1.8}$$

となる。ただし（1.8）式も，各荷電粒子の**慣性長**や電子の**ラーマー半径**が十分小さいと見なせる場合の近似であることには注意が必要である。

　（1.1）式と（1.2）式を比べると，対称ではないことが分かる。すなわち，（1.1）式が電場の渦（回転）は磁場の時間変化でしか作られないことを表わしているのに対し，（1.2）式は磁場の渦には電場の時間変化に加えて**伝導電流**（右辺第 1 項）も寄与することを示している。このことは，（1.3）および（1.4）式とも矛盾しない。すなわち，（1.3）式は電気力線の束（電束）が電荷から湧き出していることを意味しているが，（1.4）式は磁力線には点源（＝**磁荷**）が存在しないことを意味している。もちろん微視的世界には，もしかしたら磁束の点源に当たる磁気単極子が存在しているのかもしれないが，巨視的世界では（1.4）式はほぼ厳密に成り立っていると考えてよい。本書が取り扱う地球惑星圏は，巨視的世界に区分される。したがって，電場の渦の生成には，伝導電流に対応する「磁流（＝磁荷の流れ）」は関与せず，磁場の時間変化だけがその源になる。

　このように（1.2）式の右辺は，第 1 項の伝導電流と第 2 項の**変位電流**からなるが，これらをまとめて「広義の電流」と考えることもできる。既に述べたように磁場には点源が存在しないため，この「広義の電流」だけが磁場を生成し得る。逆に言えば，磁場は「宇宙のどこかで流れた電流の記憶」す

なわち「過去の荷電粒子の運動」を表わしており，それが地球惑星空間における磁場を研究する主な理由にもなっている。記憶や過去とことさら書いたのは，ある点での荷電粒子の運動が空間の別の点で磁場として観測されるには，2点間の距離を光速で割った値だけ時間がかかるからである。別の言い方をすると，§1-3で述べる**磁場のベクトルポテンシャル** $\vec{A}$ は，式の上では**先進ポテンシャル**も許されるが，本書は磁場はあくまで電荷の運動の影響が違う場所まで時間をかけて及んだものであり，$\vec{A}$ は**遅延ポテンシャル**である，という立場に立つ。磁場はまた，電場と違い**軸性ベクトル**に分類される。軸性ベクトルと**極性ベクトル**の違いについては付録Bに記す。

　歴史上マックスウェル（James Clerk Maxwell, 1831 ～ 1879）は，当時の多くの先駆者の業績，——静電場についてのクーロン（Charles-Augustin de Coulomb, 1736 ～ 1806）やガウス（Johann Carl Friedrich Gauß, 1777 ～ 1855）の研究，静磁場に関するビオ（Jean-Baptiste Biot, 1774 ～ 1862），サバール（Félix Savart, 1791 ～ 1841）およびアンペール（André-Marie Ampère, 1775 ～ 1836）らの業績，そして，ファラデー（Michael Faraday, 1791 ～ 1867）とヘンリー（Joseph Henry, 1797 ～ 1878）による電磁誘導の発見——を単に数学的に定式化し（1.1）～（1.4）式のマックスウェル方程式を得た，という評価もある。しかし，マックスウェル自身が独自に付け加えた物理量もあり，それが（1.2）式の右辺第2項の変位電流である。§1-5で述べるように，伝導電流を無視し得る空間では，（1.1）と（1.2）式から**波動方程式**が導け，その**位相速度** c は，

$$c = \frac{1}{\sqrt{\varepsilon\mu}} \tag{1.9}$$

となる。この値を，当時知られていた真空中の誘電率と透磁率を用いて計算すると約29.9万km/sとなり，これはフィゾー（Armand Hippolyte Louis Fizeau, 1819 ～ 1896）他の実験により当時知られていた真空中での光速の値31.3万km/sと概ね一致した。このことからマックスウェルは，光は電磁波，すなわち「波」であると結論づけ，「光は波か粒子か」というニュートン（Isaac Newton, 1642 ～ 1727）以来の論争をひとまず決着させた。

光の粒子説が再び脚光を浴びるには，20 世紀に入って光量子仮説（Einstein, 1905）が登場するのを待つことになる。

§1-3　磁場のベクトルポテンシャルと電場の静電ポテンシャル

付録 A に記すように，「任意のベクトル場 $\vec{Q}$ の回転の発散（$div \cdot rot\vec{Q}$）は恒等的に零」という性質があるので，もともと非発散である磁束密度 $\vec{B}$ は別のベクトル場 $\vec{A}$ を用いて，

$$\vec{B} = rot\vec{A} \qquad\qquad (1.10)$$

と書ける。この $\vec{A}$ を磁場のベクトルポテンシャルと呼ぶ。（1.10）式を（1.1）式に代入すると，

$$rot\vec{E} = -\frac{\partial}{\partial t}\left(rot\vec{A}\right)$$

したがって，

$$rot\left(\vec{E} + \frac{\partial \vec{A}}{\partial t}\right) = 0$$

を得る。これも付録 A にある通り，「任意のスカラーポテンシャル f の勾配の回転（$rot \cdot grad\ f$）は恒等的に零」という性質により，渦無しのベクトル場

$$\vec{E} + \frac{\partial \vec{A}}{\partial t}$$

は，

$$\vec{E} + \frac{\partial \vec{A}}{\partial t} = -grad\ \phi$$

と書ける。つまり，電場 $\vec{E}$ のポテンシャル表示は，

$$\vec{E} = -grad\,\phi - \frac{\partial \vec{A}}{\partial t} \qquad (1.11)$$

で与えられる。ここに ϕ は**静電ポテンシャル**すなわち**電位** [V] であり，この式から電磁場が時間変化しない場合には，電場 $\vec{E}$ は空間の各点における静的な電荷分布だけで決まることが分かる。それに対し，電磁場が時間変化する場合には，各時刻における電荷分布だけでなく，磁場の時間変化に伴って発生する誘導起電力に対応した（1.11）式右辺第 2 項も，$\vec{E}$ の生成に寄与する。

　章末問題でも取り上げるように，（1.10）と（1.11）式に登場する電磁ポテンシャル ϕ および $\vec{A}$ は，一意ではなく不定性を持つ。したがって，ϕ と $\vec{A}$ を定めるために，ϕ および $\vec{A}$ に何か適当な制約条件を課しても差し支えない。こうした制約条件のことを「**ゲージ**」と呼ぶ。

　よく使われるゲージに，**クーロンゲージ**

$$div\,\vec{A} = 0 \qquad (1.12)$$

や，**ローレンツゲージ**

$$div\,\vec{A} + \varepsilon\mu\frac{\partial\phi}{\partial t} = 0 \qquad (1.13)$$

がある。ただし，これらのゲージは，元のマックスウェル方程式と矛盾しないように選ばれる。例えば，（1.2）式の両辺の発散を取って，さらに（1.3）式を用いると導ける関係，

$$div\,\vec{j} + \frac{\partial\rho}{\partial t} = 0 \qquad (1.14)$$

すなわち**電荷の保存則**は，どちらのゲージでも成り立っている。

　もともと電磁ポテンシャル ϕ および $\vec{A}$ は，マックスウェル方程式の（1.4）式から磁束密度に対するベクトルポテンシャル $\vec{A}$ を導入し，それと（1.1）式とを組み合わせて（1.11）式の「電場に対するポテンシャル表示」を得ている。ローレンツゲージを採用した場合は，残る二つのマックスウェル方

程式（1.2）および（1.3）式から，ϕ および $\vec{A}$ について以下の非同次波動方程式が導ける。

$$\Delta\phi - \varepsilon\mu\frac{\partial^2\phi}{\partial t^2} = -\frac{\rho}{\varepsilon} \tag{1.15}$$

$$\Delta\vec{A} - \varepsilon\mu\frac{\partial^2\vec{A}}{\partial t^2} = -\mu\vec{J} \tag{1.16}$$

ただし，ここでは誘電率 ε と透磁率 μ が一様な空間を考えた。（1.15）と（1.16）式は，ϕ と $\vec{A}$ の源がそれぞれ「電荷」と「電流」であることを示している。そこで ϕ と $\vec{A}$，および，ρ と $\vec{J}$ の組から，二つの**四元ベクトル**

$$\vec{\mathcal{A}} = \left(\frac{\phi}{c}, A_x, A_y, A_z\right)^t \tag{1.17}$$

$$\vec{\mathcal{J}} = \left(c\rho, J_x, J_y, J_z\right)^t \tag{1.18}$$

を作り，**ダランベルシアン** $\square$ を

$$\square \equiv \Delta - \varepsilon\mu\frac{\partial^2}{\partial t^2} \tag{1.19}$$

で定義すると，マックスウェル方程式（1.1）〜（1.4）式は，

$$\square\vec{\mathcal{A}} + \mu\vec{\mathcal{J}} = 0 \tag{1.20}$$

と一行で書けてしまう。ここに c は，光速である。四元ベクトル $\vec{\mathcal{A}}$ を用いれば，（1.13）式のローレンツゲージは「四次元空間における $\vec{\mathcal{A}}$ の非発散条件」と見ることもできる。これに対して（1.12）式のクーロンゲージは，三次元空間における $\vec{A}$ の非発散条件と言ってもよい。

　（1.15）と（1.16）式から ϕ と $\vec{A}$ の源となるのは，ρ と $\vec{J}$ であることが分かる。しかし，ρ と $\vec{J}$ は（1.14）式の電荷保存則で結ばれているので，ϕ と $\vec{A}$ も互いに独立ではない。したがって，ϕ と $\vec{A}$ を同一のベクトル量から導出できるはずである。このベクトル量の例が**ヘルツの超ポテンシャル** $\vec{\Pi}_E$ であり，ϕ および $\vec{A}$ とは次の関係にある。

$$\phi = -div\vec{\Pi}_E \tag{1.21}$$

$$\vec{A} = \varepsilon\mu\frac{\partial\vec{\Pi}_E}{\partial t} \tag{1.22}$$

ある時刻における三次元空間の電場 $\vec{E}$ と磁束密度 $\vec{B}$ は計 6 成分からなるが，ゲージを考慮すると電磁ポテンシャルの自由度は 3 になる。

　なお，ここで登場した $\vec{\Pi}_E$ は，正確には「ヘルツの電場型超ポテンシャル」（Stratton, 1941）と記すべきであろう。

§1-4　磁束密度のポテンシャル表示
──トロイダル／ポロイダル分解とオイラーポテンシャル

　磁束密度は非発散であるから，空間の各点での自由度は 2 である。したがって，（1.10）式のベクトルポテンシャルを指定するのに必要な数も 3 ではなく 2 である。すなわち，$\vec{A}$ を表わすには，スカラーポテンシャルが二つあれば事足りる。この節では，それらの代表的な組であるトロイダル（T）およびポロイダル（P）スカラーと**オイラーポテンシャル**（f, g）について述べる。

　磁束密度の**トロイダル／ポロイダル分解**（例えば，Elsasser, 1946）は，z 方向を分解の基準方向に取ったデカルト座標では次式で与えられる。

$$\vec{B} = rot\begin{pmatrix} 0 \\ 0 \\ T \end{pmatrix} + rot\cdot rot\begin{pmatrix} 0 \\ 0 \\ P \end{pmatrix} \tag{1.23}$$

（1.23）式で磁束密度 $\vec{B}$ は，z 成分しか持たないベクトルに rot ないし $rot\cdot rot$ を施すと，前者がトロイダル磁場に，後者がポロイダル磁場に対応することを示している。実際にこの式の微分演算を実行してみると，P は $\vec{B}$ のすべての成分と関わるのに対して，T は $\vec{B}$ の x, y 成分にしか現れないことが分かる。つまり，回転演算子 rot は，z 方向を向いているトロイダルポテンシャルベクトル $(0, 0, T)^t$ を xy 平面内に寝かせる操作になっている。

　トロイダルな電流の例として，図 1-1 のような xy 平面内に置かれた円電流を考えよう。円の半径を非常に小さくするか，円の大きさが無視できるく

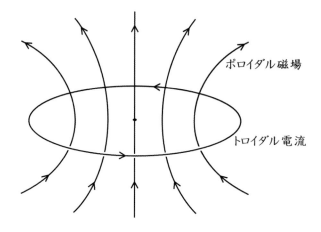

図 1-1　トロイダル電流が作るポロイダル磁場の例

らい遠くからこの円電流が作る磁場を眺めてみると，円の中心に置かれ $x\,y$ 平面と垂直な磁気モーメントが作る**双極子磁場**で近似できる。この双極子磁場は，z 成分を持つポロイダル磁場である。すなわち，一般にポロイダル磁場の源はトロイダル電流（今の場合は x, y 成分しか持たない円電流）であり，逆にトロイダル磁場はポロイダル電流によって作られる。

　ベクトル場のトロイダル／ポロイダル分解は，エルザッサー（Walter Maurice Elsasser, 1904 〜 1991）によって初めて地球惑星電磁気学の問題，すなわち，**地磁気ダイナモ**[*1] の研究に用いられた。この分解は，場合によってはミー表現（Mie, 1908; Backus, 1986）とも呼ばれるが，導体と絶縁体の境界（エルザッサーの場合には**核マントル境界**）がはっきりしている問題

---

*1　ダイナモとは発電機，すなわち，動力を電力に変える装置を意味する。地磁気ダイナモの詳細については本書では割愛するが，一言で言えば「地球中心核の外側部分（**外核**）に存在する金属流体の磁場の下での運動による発電作用」である。一般に，導体が磁場中で運動すると，荷電粒子に働くローレンツ力により磁場と運動方向双方に直交する起電力が発生する。ただし，地磁気ダイナモ自体は，発生した起電力によって流れた電流が流体運動自身に影響を及ぼす，もっと複雑で極めて非線形性の高い導電性流体と電磁場間の相互作用である。

では，導体外でトロイダル磁場（電場で言えばポロイダル電場）を考えないでよいので非常に便利な分解である。実際には導体内のポロイダル電流が導体・絶縁体境界に差しかかると，境界面に**表面電荷**が直ちに現れ，電場の法線成分をちょうど打ち消してしまう。この調節は，導体内での主要な電流成分である「伝導電流」と導体外での主要な電流成分である「変位電流」の比から求められる非常に短い時間

$$\tau = \varepsilon/\sigma \qquad (1.24)$$

の間に行われる。このようにして自然は，導体・絶縁体境界でトロイダル磁場が零となる条件を時々刻々実現している。

　もう一つのスカラーポテンシャルの組が，オイラーポテンシャル（Euler, 1769）である。

　今，二つの独立したスカラー量 f と g を考える。これらは一義的には空間座標の関数であり，それぞれ等値面を持つとする。空間のある点における f の等値面の法線ベクトルは $grad\,f$，g のそれは $grad\,g$ であるので，それらの外積

$$\vec{B} = grad\,f \times grad\,g \qquad (1.25)$$

は，二つの等値面の交線のその点における接線方向を向いたベクトルになる。ここで，等値面の交線をベクトル場 $\vec{B}$ の力線と定義すれば，f と g の二つのスカラーの組で物理的な場が表現できる。ただし，この時ベクトル場 $\vec{B}$ は任意ではなく，次のベクトル解析の公式，

$$div(\vec{P} \times \vec{Q}) = \vec{Q} \cdot rot\vec{P} + \vec{P} \cdot rot\vec{Q} \qquad (1.26)$$

と付録 A で述べる「勾配の回転は零」を組み合わせれば，

$$\begin{aligned}div\vec{B} &= div(grad\,f \times grad\,g) \\ &= grad\,g \cdot (rot \cdot grad\,f) + grad\,f \cdot (rot \cdot grad\,g) = 0\end{aligned}$$

のように「非発散の場」でなければならない。

　オイラーポテンシャルは，オイラー（Leonhard Euler, 1707 ～ 1783）
が非発散な流体場に対して初めて導入したものであるが，もともと非発散な
ベクトル場である磁場にも適用できる。地球惑星電磁気学では，各磁化天体
の磁気圏磁場の研究で用いられた例が多く，本書でも §2-5 で再び取り上
げる。荷電粒子の降り込みといった磁力線沿いに有意な電場が存在している
場合を除けば，磁力線沿いの静電ポテンシャルは，ここでの f（あるいは g）
と対応づけらるし，またオイラーポテンシャルを用いると，宇宙空間におけ
る磁力線の形状を観測データに即して精度良く表わすこともできる。

Column 1　ベルヌーイ父子とオイラー

　オイラーは，ガウスと並び称される近代数学史上の巨人であり，いわゆる
「バーゼル問題」の解決者としてつとに有名である。その彼と，完全流体に
関するエネルギー保存則「ベルヌーイの定理」で知られるダニエル・ベルヌー
イ（Daniel Bernoulli, 1700 ～ 1782）との間には親交があり，二人はオイラー
が大学卒業後赴任したサンクトペテルブルクの科学アカデミーで良き同僚となっ
た。件のベルヌーイの定理も，その発表後に初めて運動方程式に基づく厳密
な証明を与えたのがオイラーであったことを考えれば，この時代のオイラー
とベルヌーイの生産的な交流の賜物と言えるだろう。

　バーゼル大学で数学を学んだオイラーの先生は，ダニエルの父（Johann
Bernoulli, 1667 ～ 1748）であった。ヨハン・ベルヌーイとオイラーの父パウ
ルは同級生であり，パウルから数学の手ほどきを受けていたオイラーの才能
を見出したのもヨハンである。多忙だったヨハンは，それでも日曜の午後を
その頃まだ十代だったオイラーのために空けておき，オイラーが訪ねて来る
たびに難解な数学の問題について解説してやっている。

　ところがヨハンは，オイラーを可愛がる一方で，実子であるダニエルとは，
パリ王立科学アカデミー賞（メスレー懸賞：川島, 2000）の受賞を巡って，

犬猿の仲になったようである。さらにヨハンは，レムニスケートやベルヌーイ数の研究で知られる自分の長兄ヤコブ（Jakob Bernoulli, 1654 ～ 1705）とも仲違いしており，なかなか収まらない人であったらしい。身内でも「智に働けば角が立つ」といった所だろうか。

§1-5　波動と拡散

　携帯電話は便利なものである。膨大な量にのぼる情報の収集と発信を，今や誰もが掌にできるのだから，もはやこの装置なしに社会生活を送るのは困難になって来ている。ただし，この強力なツールが利用を可能なのも「大気中では電波がそれほど減衰せずに一定の距離光速で伝わる」からである。だがもし地球の大気が導電性であったなら，電磁波の伝播はもとより生命活動にも著しい影響が出ていたことだろう。実際，大気に比べはるかに高い電気伝導度を持つ海水中では，高周波の電磁波はたちまち減衰し，ほとんど伝わらない。したがって，海水中での主な情報伝達手段は，電磁波と比べ通信速度・量共に非常に劣る超音波になってしまう。この節では，地球の中性大気のような絶縁体中で電磁場は波として伝わり，海洋のような導体中では拡散により減衰してゆくことを示そう。

　媒質の電気伝導度 σ が非常に小さく，（1.2）式の右辺第 1 項が第 2 項と比べて無視し得る場合に（1.1）式の両辺の回転を取ると，

$$rot\ rot\ \vec{E} + \varepsilon\mu\frac{\partial^2\vec{E}}{\partial t^2} = 0 \tag{1.27}$$

が得られる。ここで，誘電率 ε と透磁率 μ は共に空間的に一様であるとし，また構成則（1.5）および（1.7）式を用いた。

　付録 A に記す組み合わせ演算結果を用いると，体積電荷が存在しない空間では，（1.27）式の左辺第 1 項が $-\Delta\vec{E}$ と等しくなるので，

$$\Delta \vec{E} = \varepsilon \mu \frac{\partial^2 \vec{E}}{\partial t^2} \tag{1.28}$$

というベクトル波動方程式が導ける。磁場についても同様の波動方程式が導けるので，絶縁体中の電磁場は「波」と見なしてよい。

　これに対し，媒質の電気伝導度 σ が十分大きく，(1.2) 式右辺第 1 項の「伝導電流」が第 2 項の「変位電流」より支配的であると考えられる場合には，(1.28) 式を導いたのと同様の式変形により，

$$\Delta \vec{E} = \sigma \mu \frac{\partial \vec{E}}{\partial t} \tag{1.29}$$

が得られる。(1.28) 式と比べると，この式の右辺の時間微分は 1 回少なくなっており，導体中の電磁場は (1.29) 式の**拡散方程式**に従って減衰してゆくことになる。

　(1.28) 式で表わされる電磁波の伝播[*2] を特徴づける位相速度が (1.9) 式で与えられることは §1-2 で述べたが，電磁場の拡散を特徴づける量として次の**表皮深度** δ がある。

$$\delta = \sqrt{\frac{2}{\omega \sigma \mu}} \tag{1.30}$$

ここに ω は，いま考えている正弦波的な電磁場時間変化の角周波数である。(1.30) 式の左辺の δ は長さの次元を持つ量であるが，地球惑星科学ではほとんどの場合透磁率 μ が真空中のそれ（μ_0）で近似できるので，δ の大きさは ω と媒質の電気伝導度 σ に依る。すなわち，周期の長い電磁場変化や電気伝導度が低い媒質では δ は大きくなる。つまり δ は，導体に電磁場が浸み込む長さのスケールを与え，高周波や良導体に対しては短くなる。これは，天体内の深部構造を知るためには，長周期変化を使用しなければならないことを意味している。

　(1.28) 式の波動方程式と (1.29) 式の拡散方程式の一般解，および，(1.30)

---

*2　電波は伝播（でんぱ）するものであって，伝搬（でんぱん）するものではないらしい。国語学的には，伝搬は伝播の誤読／誤記から生まれた術語，とされている。

式の導出は付録 C に譲る。また，電磁場の時間変化を利用して地球や惑星／衛星内部の電気的性質を調べる方法については，第 4 章で述べることにする。

問 1 電磁ポテンシャル ϕ と $\vec{A}$ を，任意のスカラー関数 f を用いて次のように変換[*3]しても，（1.10）および（1.11）式と同じ電場 $\vec{E}$ と磁束密度 $\vec{B}$ が得られることを示しなさい。

$$\phi' = \phi - \frac{\partial f}{\partial t}, \vec{A}' = \vec{A} + grad\, f$$

問 2 マックスウェル方程式から出発して，（1.28）と（1.29）式を導きなさい。

問 3 （1.30）式が，

$$\delta\,[km] = \frac{1}{2\pi} \sqrt{\frac{10T}{\sigma}}$$

に書き換えられることを示しなさい。ただし，$T\,[s]$ は電磁場変化の周期，$\sigma\,[S/m]$ は電気伝導度である。

---

*3 この変換をゲージ変換と呼ぶ。

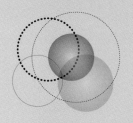

第2章
地球や惑星あるいは衛星の磁場空間分布

　エリザベス I 世の侍医も務めたギルバート（William Gilbert, 1544? 〜 1603）は，その主著『磁石論』（"De Magnete"）に「地球はそれ自身巨大な磁石である」という言葉を残している。彼が生きた大航海時代，地磁気は航海上極めて重要な情報であり，ギルバートは当時知られていた伏角の緯度依存性からこの着想，すなわち，「地球は固有磁場を持ち，それは磁気双極子で近似できる」を得たと考えられる。

　この章では，まず地磁気のスカラーポテンシャルが球面調和関数で展開可能であることを示す。続く §2-2 では，§1-4 でポロイダル磁場の代表として登場した双極子磁場について，さらに詳しく解説する。§2-3 では，現在の**地球主磁場**を表わす代表的モデルである「国際地球磁場標準モデル」を紹介し，その卓越項がギルバートの予想通り双極子であることを示す。§2-4 では，**各磁化惑星**の磁場モデルから求められるエネルギー密度スペクトルを導入する。このエネルギースペクトルを用いて各磁化惑星を比較した後，太陽系内の**磁化天体**が持つ磁場について各論する。

§2-1　磁場のスカラーポテンシャルとその球面調和関数展開

　（1.4）式で表わされるように，磁場はもともと「非発散」なベクトル場である。これに加え（1.2）式の右辺が零，すなわち，磁場が非発散でかつ「渦無し」となる場合を考えてみよう。

　（1.2）式の右辺が実効的に零となるには，第 1 項の伝導電流が零，すなわち絶縁体中で，かつ，第 2 項の変位電流が無視できるくらい時間変化がゆっくりであればよい。

（A.11）式に依れば，渦無しのベクトル場 $\vec{A}$ は，スカラーポテンシャル ϕ を用いて，

$$\vec{A} = grad\ \phi \tag{2.1}$$

と書ける。したがって，磁束密度 $\vec{B}$ も，スカラーポテンシャル ϕ_B により，

$$\vec{B} = -grad\ \phi_B \tag{2.2}$$

で与えられる。（2.2）式の両辺の発散を取れば，

$$\Delta\psi_B = div\ grad\ \psi_B = 0 \tag{2.3}$$

が得られる。つまり，ポテンシャル場 $\vec{B}$ を与えるスカラーポテンシャル ϕ_B は，（2.3）式のラプラス方程式を充たす**調和関数**である。そこで（2.3）式を球座標 (r, θ, φ) で具体的に解き，その解がいわゆる**球面調和関数展開**の形になることを示そう。

球座標におけるラプラシアン Δ は（A.9）式で与えられるので，（2.3）式は

$$\left\{\frac{1}{r^2}\frac{\partial}{\partial r}\left(r^2\frac{\partial}{\partial r}\right) + \frac{1}{r^2\sin\theta}\frac{\partial}{\partial\theta}\left(\sin\theta\frac{\partial}{\partial\theta}\right) + \frac{1}{r^2\sin^2\theta}\frac{\partial^2}{\partial\varphi^2}\right\}\phi_B = 0 \tag{2.4}$$

となる。この式も波動方程式と同様に二階の線形偏微分方程式であるから，変数分離型の解，

$$\phi_B = R(r)\Theta(\theta)\Phi(\varphi) \tag{2.5}$$

を探すことにする。

（2.5）式を（2.4）式に代入し，両辺を ϕ_B すなわち $R(r)\Theta(\theta)\Phi(\varphi)$ で割って r だけに依存する項を左辺に集めると，

$$\frac{1}{R}\frac{d}{dr}\left(r^2\frac{dR}{dr}\right) = -\frac{1}{\Theta\sin\theta}\frac{d}{d\theta}\left(\sin\theta\frac{d\Theta}{d\theta}\right) - \frac{1}{\Phi\sin^2\theta}\frac{d^2\Phi}{d\varphi^2} \tag{2.6}$$

を得る。右辺は θ と φ だけの関数であり，r, θ, φ はすべて独立変数であるから，（2.6）式が成り立つためには両辺が共に同じ定数 $n(n+1)$ に等しくなければならない。n は，この段階では整数である必然性はないが，変数分離定数をこの形に置く理由と併せて整数になる理由も後述する。

いずれにせよ，r についてはこれで**変数分離**ができ，R の充たすべき二階の線形常微分方程式は次式で与えられることが分かる。

$$\frac{d}{dr}\left(r^2\frac{dR}{dr}\right) = n(n+1)R \tag{2.7}$$

次に θ, φ を分離しよう。変数分離定数 $n(n+1)$ を用いて（2.6）式の右辺を書き直すと，

$$\frac{\sin\theta}{\Theta}\frac{d}{d\theta}\left(\sin\theta\frac{d\Theta}{d\theta}\right) + n(n+1)\sin^2\theta = -\frac{1}{\Phi}\frac{d^2\Phi}{d\varphi^2} \tag{2.8}$$

となる。これで θ は左辺に，φ は右辺に分けられたので，両辺は共に第二の変数分離定数 m^2 に等しくなければならない。したがって，関数 Θ および Φ が充たすべき微分方程式はそれぞれ，

$$\frac{1}{\sin\theta}\frac{d}{d\theta}\left(\sin\theta\frac{d\Theta}{d\theta}\right) + \left\{n(n+1) - \frac{m^2}{\sin^2\theta}\right\}\Theta = 0 \tag{2.9}$$

$$\frac{d^2\Phi}{d\varphi^2} = -m^2\Phi \tag{2.10}$$

と書ける。（2.10）式はすぐ解けて，

$$\Phi = e^{\pm im\varphi} \tag{2.11}$$

がその基本解になる。また座標 φ が経度を表わすことを思い出せば，

$$\Phi(0) = \Phi(2\pi) \tag{2.12}$$

が成り立たなければならない。したがって，m は整数でなければならないことも分かる。

（2.7）式は，一見変数係数の常微分方程式のように見えるが，階数と係数の次数が一致するいわゆる**オイラーの微分方程式**であり，$x = ln\,r$ の変換により定数係数の線形常微分方程式

$$\frac{d^2R}{dx^2} + \frac{dR}{dx} - n(n+1)R = 0 \tag{2.13}$$

に帰着できる。したがって，その線形独立解は，

$$R = r^n, r^{-(n+1)} \tag{2.14}$$

の二つで，Φ と同様に初等関数で書き表わすことができる。

問題は（2.9）式で，$x = \cos\theta$ の変換により，

$$\frac{d}{dx}\left\{(1-x^2)\frac{d\Theta}{dx}\right\} + \left\{n(n+1) - \frac{m^2}{1-x^2}\right\}\Theta = 0 \tag{2.15}$$

と変形できるが，これは**ルジャンドルの陪微分方程式**と呼ばれる二階の線形常微分方程式になり，その基本解は初等関数では表わせず，特殊関数が必要になる。それらが，第一種 $P_{n,m}(\cos\theta)$ と第二種 $Q_{n,m}(\cos\theta)$ の**ルジャンドル陪関数**である。ただし，$Q_{n,m}(\cos\theta)$ は，$\theta = 0, \pi$ が対数特異点となる，すなわち，両極で発散するため基本解として採れない。

また，これまで n については，整数であるとも何とも述べなかったが，$P_{n,m}(\cos\theta)$ が $0 \leqq \theta \leqq \pi$ で有界であるためには，n は，

$$0 \leqq m \leqq n \tag{2.16}$$

を充たす非負の整数でなければならないことが知られている（例えば，犬井，1962）。したがって，球座標における（2.3）式の基本解は，

$$R(r)\Theta(\theta)\Phi(\varphi) = r^n P_{n,m}\cos m\varphi, r^n P_{n,m}\sin m\varphi, \frac{P_{n,m}\cos m\varphi}{r^{n+1}}, \frac{P_{n,m}\sin m\varphi}{r^{n+1}} \tag{2.17}$$

の四つになる。（2.3）式が三つの独立変数に対する二階の線形偏微分方程式

であるのに，基本解を八つでなく四つだけ考えればよいのは，（2.15）式の線形独立解の一つである $Q_{n,m}(\cos\theta)$ が球面上に特異点を持つので，それらに掛かる係数は零であることが要請されるからである。

　（2.3）式の一般解は，（2.17）式の基本解の線形結合で与えられるから，結局

$$\phi_B = \sum_{n=0}^{\infty}\sum_{m=0}^{n}\left\{\begin{array}{l} r^n(A_n^m\cos m\varphi + B_n^m\sin m\varphi) \\ + \dfrac{1}{r^{n+1}}(C_n^m\cos m\varphi + D_n^m\sin m\varphi) \end{array}\right\}P_{n,m}(\cos\theta) \quad (2.18)$$

と書ける。ここに A_n^m 等は，(n, m) の組ごとに決まる任意定数である。(n, m) の組を**球面調和関数のモード**と呼び，n が球関数の**次数**（degree），m は**位数**（order）である。

　これに対し，**地磁気ポテンシャル**の球面調和関数展開は，

$$\phi_B = a\sum_{n=1}^{\infty}\sum_{m=0}^{n}\left\{\begin{array}{l} \left(\dfrac{a}{r}\right)^{n+1}(g_n^m\cos m\varphi + h_n^m\sin m\varphi) \\ + \left(\dfrac{r}{a}\right)^n(q_n^m\cos m\varphi + s_n^m\sin m\varphi) \end{array}\right\}P_n^m(\cos\theta) \quad (2.19)$$

と書かれる場合が多い。（2.18）式と比べると，項の順番が入れ代わっていたり，g_n^m 他の係数の単位を磁束密度と合わせるために基準となる球（例えば，地球など）の半径 a で長さが規格化されていたりすること以外に，

　（1）　次数 n に関する和が，0 からではなく 1 から始まっている

　（2）　$P_{n,m}(\cos\theta)$ ではなく $P_n^m(\cos\theta)$ が使われている

という違いがある。

　（1）は磁場と他の物理量のポテンシャル場との本質的な違いを表わしており，それは（1.4）式すなわち「磁場は至る所で非発散である」ことに由来する。つまり，質点や点電荷といった（例えば（1.3）式のような）点源が想定できるスカラーポテンシャル場の球面調和関数展開には（2.18）式を用いるべきだが，磁気単極子を考えないでよい巨視的な磁場に対するスカ

ラーポテンシャルには，（2.19）式を用いる方がより適切である。

（2）は，ルジャンドル陪関数の規格化の違いを表わしている。

ルジャンドル陪関数の規格化には，球面調和関数 $Y_n^m (= P_{n,m}(\cos\theta)e^{\pm im\varphi})$ の単位球面上での積分が 1 になるように，

$$\int_{\theta=0}^{\pi}\int_{\varphi=0}^{2\pi} Y_n^m Y_{n'}^{m'}\, d\Omega = \delta_{nn'}\delta_{mm'} \qquad (2.20)$$

とするのが自然である。ここに，Ω は立体角を，δ_{ij} はクロネッカーのデルタを表わす。この（2.20）式に基づいて規格化された第一種ルジャンドル陪関数を，ここでは $P_{n,m}(\cos\theta)$ と表記した。また，この規格化を**完全規格化**と呼ぶこともあり，$P_{n,m}(\cos\theta)$ に基づく Y_n^m は**完全正規直交系**をなす。

これに対し，地磁気ポテンシャルの球面調和関数展開では，

$$\int_{\theta=0}^{\pi}\int_{\varphi=0}^{2\pi} Y_n^m Y_{n'}^{m'}\, d\Omega = \frac{4\pi}{2n+1}\delta_{nn'}\delta_{mm'} \qquad (2.21)$$

がその初期に使用され，地磁気ポテンシャルは（2.19）式に則って求められて来た，という歴史的経緯がある。（2.21）式の規格化は**シュミットの準規格化**（Schmidt, 1917）と呼ばれ，地球惑星電磁気学分野で広く使用されている。ただし今日では，地磁気ポテンシャルを完全規格化に基づいて求める場合もある上，汎用の球面調和関数展開コードでは（2.20）式で規格化したルジャンドル陪関数が使われていることが多いので，自分が使用している球面調和関数がどの規格化に基づいているか，には多少注意が必要である。

さて，（2.19）式についてもう少し考えてみよう。

（2.2）式より，任意の点 (r, θ, φ) における磁束密度の成分は，

$$\vec{B} = (B_r,\ B_\theta,\ B_\varphi)^t = \left(-\frac{\partial\phi_B}{\partial r},\ -\frac{1}{r}\frac{\partial\phi_B}{\partial\theta},\ -\frac{1}{r\sin\theta}\frac{\partial\phi_B}{\partial\varphi}\right)^t \quad (2.22)$$

で与えられるから，地磁気ポテンシャル ϕ_B を決定するとは，観測された磁束密度ベクトル $(B_r, B_\theta, B_\varphi)^t$ を最もよく説明する係数の組 $(g_n^m, h_n^m, q_n^m, s_n^m)$ を定めることに他ならない。世界で最初に地磁気ポテンシャルの球面調和関

数展開を行なったガウスにちなんで，これらの係数は**ガウス係数**と呼ばれる。さらに，前二者 (g_n^m, h_n^m) は**内部ガウス係数**，後二者 (q_n^m, s_n^m) は**外部ガウス係数**に分類されるが，その理由はそれらが係っている各項の動径方向依存性にある。すなわち，内部ガウス係数は原点で特異となる項に，外部ガウス係数は無限遠で発散する項に係っている。つまり，ある基準の球面を考えると，（2.19）式の前二項は球内部に起源を持つ磁場を，後ろ二項は球外部に起源を持つ磁場を表わしている。このように「観測値を用いて球面調和関数展開すれば，その起源が基準となる球面の内部にあるのか，それとも，外部にあるのかを，数理的分解により知ることができる（**内外分離**できる）」のが，球面調和関数展開の大きな利点の一つであり，いまだに重要視されている理由でもある。なお，内外ガウス係数の決定には，ポテンシャル磁場の仮定が成り立つ空間におけるすべての観測値を用いることができ，ある球面上（例えば地表面）の観測値だけしか使えないわけではない。低軌道衛星のベクトル磁場データだけで内外分離することも可能だし，地上・衛星両高度での観測データを併用することもできる。

　ここで，次数 n までの球面調和関数展開に必要なガウス係数の数を数えてみよう。

　（2.19）式の m に関する和は 0 から n までであるから，次数 n までの球面調和関数展開に必要なガウス係数の数は $\sum_{k=1}^{n} 4(k+1) = 2n(n+3)$ となるかと思いきや，実際には $2n(n+2)$ 個で事足りる。なぜなら，$m = 0$ の場合の h_n^m と s_n^m は，係る相手の正弦関数が厳密に零になってしまうので考える必要がないからである。したがって，$2n(n+3)$ から $2n$ を引いた $2n(n+2)$ 個だけガウス係数を決めればよいことになる。

　さらに $m = 0$ の場合は，地磁気ポテンシャル自体が経度依存性を持たなくなるため，ϕ_B の各項を取り出し球面上の各点でその値が正であれば白，負であれば黒で表わした図 2-1 では，一番左の図のように南北に分割されたパターンとして描かれる。図 2-1（a）のような横割りのパターンを球面調和関数の**ゾーナル（帯状）項**，（b）のような縦割りのパターン（すなわち $m = n$ の項）を**セクトリアル項**，（c）のようにそのいずれでもないものを**テッセラル項**と呼ぶ。地球主磁場には，双極子磁場が卓越している（g_1^0 項の絶

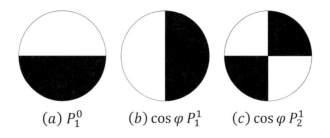

$(a)\ P_1^0$ $(b)\ \cos\varphi\,P_1^1$ $(c)\ \cos\varphi\,P_2^1$

図 2-1　白黒のパターンで表わした低次の球面調和関数モードの例。上下が南北方向，左右が東西方向をそれぞれ表わす。主経度を左半円に取っている。(a) ゾーナル項。(b) セットリアル項。(c) テッセラル項。

対値が最も大きい）ため，図 2-1（a）のパターンで概ね近似できる。図 2-1（a）が**軸双極子**に対応するのに対し，（b）は**赤道双極子**に対応する。また，図 2-1（c）に対応する実例を挙げれば，代表的な外部電流系の一つで主に昼側電離圏を流れている**地磁気静穏日（Sq）**電流系が作る磁場の卓越パターンがそれに当たる。

Column **2**　　　　　　　　　　　　　　　　　ガウスと外部磁場

　使用した第一種ルジャンドル陪関数をどう規格化したのかはさておき，地磁気ポテンシャルを初めて球面調和関数展開したのはガウスである。

　が，果たしてガウスは，外部ガウス係数も含めて球面調和関数展開を行なったのだろうか？

　答えは「否」である。

　ガウスが 1839 年に著した名高い『地磁気の一般理論』（"Allgemeine Theorie des Erdmagnetismus"）を紐解いてみると，ガウスは外部起源磁場の影響を最初から無視してよいと考えていたことが分かる。実際，この論文の第 17 節で定義されている地磁気ポテンシャルの球面調和関数展開には，$r^{-(n+1)}$ に比例した項しか登場しない。したがって，第 26 節では，四次までの内部ガウス係数だけが列挙されている。「ガウスは内外分離を行なって，地磁気の 99% が地球内部起源であることを証明した」と力説している論文や Web サイトも存在するが，これは誤解を招く表現であることに注意されたい。

　恐らくガウスは，「現在得られている地磁気の観測データを説明するには四次迄の内部ガウス係数だけで十分であり，外部起源磁場の影響を考慮したかったら r^n の項を加えてその係数を決定すればよい。それにはもっとデータが必要だ。」と考えていたのだろう。

　ガウスは不世出の数学者であったが，科学を裏打ちしているのは信頼できる実験結果や観測事実であり，正確な観測事実すなわち良いデータを得るにはお金と時間がかかることもよく理解していた。そのためガウスは，フンボルト（Alexander von Humbolt, 1769 ～ 1859）やウェーバー（Wilhelm Eduard Weber, 1804 ～ 1891）の協力を得て「磁気協会 magnetischen Vereins」を設立した。ゲッティンゲンに本拠を置いたこの協会は，世界各地の地磁気データの調査／収集に当たった世界初の「全球地磁気観測国際プロジェクト」であった。そして，その観測成果が『地磁気の一般理論』として結実したのである。

§2-2　双極子磁場

　この節では，まず（2.19）式の一次の項について述べよう。

　内部起源磁場の $n = 1$ の項は地心双極子に相当し，点源が存在する重力場や静電場とは違ってポテンシャルが $1/r^2$ の依存性を持つため，磁場強度は距離の逆自乗ではなく $1/r^3$ に比例して減衰する。このような場は，例えば

単独の正電荷がその周りに作る電場ではなく，すぐ傍に同じ大きさの負電荷が存在する場合にできる電場（**電気双極子**が作る電場）と相似である。単独であれば或る点に及ぼせた作用が，近傍に存在する同強度逆符号の点源によって相殺されるため，点源の場合より速い**距離減衰**を示す，と言ってもよい。

電気双極子が作る電場に対応する磁場を双極子磁場と呼ぶが，実際には存在しない磁荷 q_B を想定する **E-H 対応**では，距離 l だけ離して真空中に置いた二つの正負の磁荷 $\pm q_B$ が作る磁気ポテンシャル ϕ_D は，

$$\phi_D = \frac{q_B l}{4\pi\mu_0} \frac{\cos\theta}{r^2} \ (r \gg l) \tag{2.23}$$

で表わされる。ここに θ は，磁気双極子の中心から空間内の任意の点 P へ向かう動径ベクトルと磁気双極子ベクトルとがなす角である。

これに対し，磁場の源はすべて電流と考える **E-B 対応**では，

$$\phi_D{}' = \frac{\mu_0 M_B}{4\pi} \frac{\cos\theta}{r^2} \tag{2.24}$$

と書かれる。ここに，M_B は**磁気モーメント**であり，その国際単位は $[\mathrm{Am}^2]$，すなわち，例えば円形コイルに流れている電流の強さとコイルの面積との積になる。これは，E-H 対応の磁気モーメント $q_B l$ の単位 $[\mathrm{Wb \cdot m}]$ とは異なるので要注意である。$[\mathrm{Wb \cdot m}]$ で与えられた磁気モーメントを $[\mathrm{Am}^2]$ に変換するには，透磁率で割る必要がある。

磁気モーメントの表式が（2.23）式であれ（2.24）式であれ，双極子磁場が双極子軸周りの経度には依らず，軸対称であることに変わりはない。また，球面上の任意の点における双極子磁場の強さは $\sqrt{1 + 3\cos^2\theta}$ に比例するため，双極子磁場の強さは両極で最大，赤道で最小となり，その比がちょうど 2:1 になる。

地球の磁気双極子軸と地表面との交点が**地磁気極**である。この極は地理的極，すなわち，地球の自転軸と地表面との交点とは一致しない。これが方位磁石が示す北が真北からずれている原因の一つになっている。このずれの角を**偏角**と呼び，大航海時代には非常に重要な航法情報であった。現在でも，

航空機や船舶のコックピット／操舵室には，磁気コンパスを装備することが義務づけられている。例えば，航空機の場合には，計器飛行が不可能になった場合に備え，すべての滑走路の両端に磁北を基準にした滑走路方位が 10 度単位で描かれている。風向きによって航空機が滑走路のどちら側から進入するかが変わり，磁北に対する滑走路への進入方位が 180 度異なるので，この二つの数字の差は必ず「18」になっている。

　偏角は，地表の各点における地球磁場の磁力線方位を，水平面内での真北からのずれとして表わした角度である。また，地球磁場の磁力線が地表面となす角を**伏角**と呼び，伏角が ± 90 度の点として地磁気極とは別に**磁極**が定義される。磁極の位置は地表面における地球磁場の空間分布によって決まり，現在の地球には北磁極と南磁極が一つずつ存在する。地球磁場は完全な軸対称ではないので，南磁極は北磁極の**対蹠点**の位置にはない。これに対し地磁気極は，その定義から一対の対蹠点をなす。

　地球の外核起源の内部磁場 —— これを本書では地球主磁場と呼んでいる —— は，自転軸から約 11 度傾いた磁気双極子を地球の中心に置けば概ね近似できる。しかし，地球主磁場を双極子磁場だけで近似するには，磁気双極子の中心を地心から少しずらした方が実際はよく合う。これを**偏心双極子**と呼ぶ。地球の場合は，磁気双極子の向きを変えずに，双極子軸と垂直方向に太平洋側へ数百 km ずらすと最適な偏心双極子が得られる。

　地心に対する双極子中心のズレをオフセットと呼ぶが，その距離は地球の場合には平均半径比にして高々 1 割未満である。しかし，§2-5 で扱う巨大氷惑星（天王星と海王星）は，非常に偏った双極子を持ち，そのオフセット量は各惑星半径の数十 % に達する。

　地球の偏心双極子と関連する地磁気の広域異常に，**南大西洋異常**がある。別名「ブラジル異常」とも呼ばれ，南米から南大西洋のほぼ全域にわたって地磁気の強さが弱まっている。地球主磁場は，地球外部からの高エネルギー荷電粒子（すなわち放射線）から地球を守る働きもしているが，この南大西洋異常の上空では，人工衛星の障害発生率が高いことが知られている。つまり，南米上空を飛ぶと，人工衛星は弱い磁気シールド域を飛行することになるため，放射線の影響を受けやすくなる。それが衛星搭載機器の障害につな

がる，という構図である。ただし，§2-3や次章で述べる**地磁気永年変化**の観点からすると，南大西洋異常は**地磁気の西方移動**すなわち**移動性非双極子磁場**の典型であり，この大きな負の異常は数百年前にはアフリカ大陸を覆っていたことも知られている。偏心双極子で考えれば，「磁気双極子が南米側ではなく太平洋側へずれているため，ただでさえ弱い磁気赤道域の双極子磁場が南米付近ではさらに弱くなる。それが南大西洋異常である。」と解釈できそうである。しかし本当は，現在の地球主磁場地表面分布を双極子磁場だけで表現しようとすると，南大西洋異常が存在するため南米より遠い側にオフセットさせざるを得ない，つまり，偏心双極子は南大西洋異常の原因というより結果と解釈すべきである。南大西洋異常の真の原因は地磁気の西方移動にあり，その詳細については次章でやや詳しく述べる。

　この節の最後に，外部ガウス係数 q_1^0 に対応する外部磁場について触れておこう。内部ガウス係数 g_1^0 に対応する内部磁場は，その中心が地心と一致し，向きが自転軸に平行な軸双極子が作る磁場になるのに対し，外部ガウス係数 q_1^0 に対応する外部磁場は，（2.19）式で $(n, m) = (1, 0)$ としてみれば分かる通り，動径方向依存性を持たない自転軸に平行な一様磁場になる。

　球対称導体内の電磁誘導現象については第5章で解説するが，球対称の場合に限らず球状導体の電気的性質を調べるのに，内外ガウス係数の比の一つ g_1^0/q_1^0 がよく使われる。この比は，球の大きさに比べて十分空間波長が長い磁場の時間変化が導体球に加わった際の電磁応答の典型である。一様磁場と見なせる磁場の時間変化に対し，有限な大きさしか持たない導体球は一様磁場の代わりに球が作れる最も波長が長い球面調和関数のモード，つまり，双極子磁場を作って一様外部磁場の球内への侵入を妨げようとする。それが，導体球表面で動径方向成分は著しく減衰するのに，接線方向成分は逆に強められる理由にもなっている。

§2-3　国際地球磁場標準モデル

　現在の地球主磁場は，**国際地球標準磁場**（IGRF: International Geomagnetic Reference Field）でモデル化されている。新たに得られた地

表および地球観測衛星高度での地磁気ベクトルデータを基に，IGRF は 5 年ごとに改訂されており，本書執筆時点では 2020 年から 5 年間有効な第 13 世代 IGRF，すなわち，IGRF-13（Alken et al., 2021）が公開されている。

　最初の IGRF は，1957 ～ 1958 年にかけて実施された**国際地球観測年**（IGY: International Geophysical Year）の直後に作られた。その後，過去の観測データを活用して 1900 年まで遡る努力と，最新版の改訂が重ねられて今に至っている。現在は，国際地球電磁気・超高層物理学協会（IAGA: International Association of Geomagnetism and Aeronomy）の第五部会に設置されたタスクフォースが改訂主体となっており，その主導で最近行われた IGRF-13 の策定には，日本からも京都大学理学研究科地磁気世界資料解析センターをはじめとする国内 6 研究機関の合同チームが初めて参加した。

　表 2-1 に，IGRF-13 の内部 Gauss 係数を抜粋して示す。各係数 g_n^m と h_n^m の単位は nT である。紙数の関係上この表には四次までしか含めなかったが，13 次まである IGRF の内部 Gauss 係数の内，最も卓越しているのは軸双極子に対応する g_1^0 である。また，標準モデルが与えられた年もかなり間引いてあるが，IGRF 自体は 1900 年以降五年ごとに内部 Gauss 係数が決定されているし，その展開次数や分解能も当初より向上している。すなわち，2000 年以降は 0.1nT の単位まで係数を決めるように改定され，その展開次数もそれまでの 10 次から 13 次へ引き上げられた。その理由は，2000 年以降に観測データの質的／量的転換が起こったためである。1999 年に打ち上げられた世界初の本格的な**地球磁場観測衛星**である Ørsted 衛星が，低軌道衛星高度における高精度ベクトル磁場データを供給し始めた。その後も，主に欧州の研究者達の努力により，CHAMP 衛星および現在も飛翔中の Swarm 衛星と三代の地球磁場観測衛星が実現し，**太陽周期**二つ分を優にカバーする全球地磁気連続モニタリングを可能にした。したがって，現在では IGRF も地上と**低軌道衛星**の磁場観測データを併用して決定されるようになっている。

　またこの表には，DGRF という内部ガウス係数の組も含まれている。DGRF は，**確定地球標準磁場**（Definitive Geomagnetic Reference Field）であり，最も補正が進んだ観測データを用いて再決定された，それぞれの年

表 2-1　第 13 世代国際地球磁場標準モデル* の係数表（四次までを抜粋）

	次数	位数	IGRF	IGRF	IGRF	DGRF	DGRF	DGRF	DGRF	IGRF	SV
	n	m	1900	1920	1940	1960	1980	2000	2015	2020	2020-25
g	1	0	-31543	-31060	-30654	-30421	-29992	-29619.4	-29441.46	-29404.8	5.7
g	1	1	-2298	-2317	-2292	-2169	-1956	-1728.2	-1501.77	-1450.9	7.4
h	1	1	5922	5845	5821	5791	5604	5186.1	4795.99	4652.5	-25.9
g	2	0	-677	-839	-1106	-1555	-1997	-2267.7	-2445.88	-2499.6	-11
g	2	1	2905	2959	2981	3002	3027	3068.4	3012.2	2982.0	-7
h	2	1	-1061	-1259	-1614	-1967	-2129	-2481.6	-2845.41	-2991.6	-30.2
g	2	2	924	1407	1566	1590	1663	1670.9	1676.35	1677.0	-2.1
h	2	2	1121	823	528	206	-200	-458.0	-642.17	-734.6	-22.4
g	3	0	1022	1111	1240	1302	1281	1339.6	1350.33	1363.2	2.2
g	3	1	-1469	-1600	-1790	-1992	-2180	-2288.0	-2352.26	-2381.2	-5.9
h	3	1	-330	-445	-499	-414	-336	-227.6	-115.29	-82.1	6
g	3	2	1256	1205	1232	1289	1251	1252.1	1225.85	1236.2	3.1
h	3	2	3	103	163	224	271	293.4	245.04	241.9	-1.1
g	3	3	572	839	916	878	833	714.5	581.69	525.7	-12
h	3	3	523	293	43	-130	-252	-491.1	-538.7	-543.4	0.5
g	4	0	876	889	914	957	938	932.3	907.42	903.0	-1.2
g	4	1	628	695	762	800	782	786.8	813.68	809.5	-1.6
h	4	1	195	220	169	135	212	272.6	283.54	281.9	-0.1
g	4	2	660	616	550	504	398	250.0	120.49	86.3	-5.9
h	4	2	-69	-134	-252	-278	-257	-231.9	-188.43	-158.4	6.5
g	4	3	-361	-424	-405	-394	-419	-403.0	-334.85	-309.4	5.2
h	4	3	-210	-153	-72	3	53	119.8	180.95	199.7	3.6
g	4	4	134	199	265	269	199	111.3	70.38	48.0	-5.1
h	4	4	-75	-57	-141	-255	-297	-303.8	-329.23	-349.7	-5

* Alken et al.（2021）による。

における最も確からしい地球主磁場のスナップショットに相当する。1960年から過去に遡って作成されたIGRFの内，1945年以降にはDGRFが存在するが，1900〜1940年の間はIGRFしか定められていない。また，最新のIGRFである2020年版は，次回2025年の改訂でDGRF化が図られる予定である。

表2-1の一番右に"SV"とあるが，これが各係数の時間変化率，すなわち，地磁気永年変化であり，その単位はnT/年である。このSVは，2020年から5年間有効な予測地磁気永年変化であり，内部ガウス係数の一階時間微分の形で与えられている。

地磁気ポテンシャルを表わす（2.19）式自体は，時間に依存しない。しかし，地球主磁場は，実際にはゆっくりなめらかな時間変化を示す。この時間依存性を，ガウス係数の時間変化率として表わしたものが表2-1の最終列である。物理学では，変位の二階時間微分をacceleration（加速度），三階微分をjerk（ジャーク＝躍度）と呼び慣わしているが，地球主磁場の短期予測には「速度」にあたる一階微分が主に用いられている。表2-1のSVは，数年スケールの地球主磁場予測に利用でき，それ以外の過去の任意の時間点における地球主磁場は，その時間点をはさむ二つのDGRF（あるいはIGRF）間の線形補間で推定可能である。

地磁気永年変化には，数十年から数千年といったもっと長い時間スケールのもの（例えば§2-2に出てきた西方移動など）も存在し，地球主磁場の時間変化自体は，**地磁気逆転**まで考慮すると，数百万年から数億年スケールの現象を含む。また，地球磁場観測衛星による高い時間／空間分解能のデータから，最近では数年スケールで**地磁気ジャーク**が発生している可能性も指摘されている（Gillet et al., 2010）。こうした地球主磁場の時間変動は次章で扱う。

§2-4　マウエルスバーガースペクトル

磁化天体が持つ内部磁場，すなわち，固有磁場の特性を表わすのに，次式で定義される**マウエルスバーガースペクトル**（Mauersberger, 1956）がよ

く使われる。

$$M_n(r) = (n+1)\left(\frac{a}{r}\right)^{2n+4} \sum_{m=0}^{n} [(g_n^m)^2 + (h_n^m)^2] \qquad (2.25)$$

（2.25）式には q_n^m や s_n^m は登場しないので，これは各モードの内部磁場エネルギー密度に $2\mu_0$ を掛けて位数 m で和を取り，次数 n だけの関数としたものである。

　このスペクトルを地球を例にとって示せば，図 2-2〔左〕のようになる。この図を見ると，$M_n(a)$ で表わされる「地球表面での磁場平均エネルギー密度スペクトル」が，二つの異なる次数依存性からなっていることが分かる（付録 D 参照）。一つは 15 次程度までの低次項が示す急激な磁場強度の減少であり，もう一つはより高次の項が示すほぼ横ばいの次数依存性である。

　スペクトルが横ばいであることは，磁場エネルギー密度の次数依存性がほとんどないことを表わしている。つまり，この場合の磁場エネルギー密度は球面上の空間波数に依存しなくなる。したがって，長波長から短波長まで，すべての磁場が同じ強さで観測されることになる。このようなスペクトルのことを**白色雑音**と呼ぶ。白色雑音は，ポテンシャル磁場の場合にはその発生源，すなわち，さまざまな空間波長からなる電流源のごく近傍でそれが作る磁場を観測すると現れると考えられる。地球の場合に横軸とほぼ平行な傾きを持つ高次項が現れるのは，磁場の空間波長がある波長より短くなると，地球深部にその起源を持つ主磁場ではなく，地表付近に源を持つ磁場の寄与が卓越し始めるからである。この浅い所で現れる磁場は，「岩石が持つ磁化」―― 地表付近で**キュリー点**以下まで冷却された磁性鉱物を含む岩石に印加された（過去の）地球磁場による磁化 ―― が主な原因である。このような磁場を，**地殻起源磁場**と呼ぶ。

　また，付録 D に記すように，この波長依存性を利用して（2.25）式から電流源までの深さを見積もることができる。（2.19）式から分かる通り，地磁気ポテンシャルは高次項ほど強く距離減衰する。したがって，どのくらい電流源から離れていれば低次項に見られる大きな傾きを再現できるかを，電流源の直上でのスペクトルは白色になると仮定して（2.25）式から逆算す

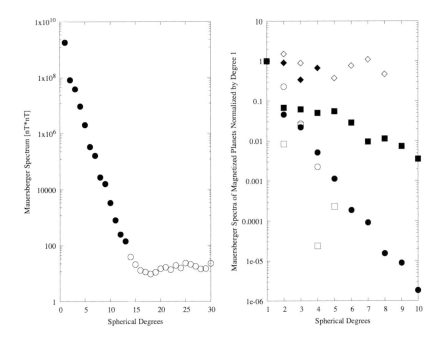

図 2-2 〔左〕地球磁場のマウエルスバーガースペクトル。低軌道磁場観測衛星の
データと全球地上地磁気観測網データの両方に基づく高次モデル
(Comprehensive Model v.6; Sabaka et al., 2020) による。黒丸が
13 次までの，白丸がそれより高次の項の磁場強度に対応している。〔右〕
太陽系の磁化惑星のマウエルスバーガースペクトル。○が水星，●が地球，
■が木星，□が土星，◆が天王星，◇が海王星を示す。惑星間の比較のため，
縦軸は双極子項で規格化してある。この図に用いた各磁化惑星の主磁場モ
デルについては，表 2-2 参照。ただし，この図の木星については，
Connerney et al. (2018) を用いた。

　ることができる。その結果は，岩石からなるマントルと金属を主成分とする
地球の中心核との境界（「核マントル境界」）とよく一致し，低次項には外核
に起源を持つ地球主磁場が支配的であることが明らかになった。つまり，マ
ウエルスバーガースペクトルは，その傾きが大きければ深い所に，小さけれ
ば浅い所にそれぞれのポテンシャル磁場の源がある，と解釈可能である。
　それでは，太陽系の他の磁化惑星は，どんなマウエルスバーガースペクト

ルを示すのだろうか？

　図 2-2〔右〕に，これまでに得られている各磁化惑星の磁場モデルから計算したマウエルスバーガースペクトルを示す。大別すると，傾きが大きいのが水星・地球と土星，ほぼ横ばいの傾きを示すのが二つの巨大氷惑星，その中間に位置するのが木星，と見ることができる。木星での傾きが磁化した地球型惑星と比べてかなり小さいことは，現在木星圏で活動中の Juno 探査機により最近確認された。これは，木星固有磁場を担っていると考えられる液体金属水素層（と分子水素層）が，かなり木星表面に近い所に在ることを意味しており，さまざまな示唆に富む新たな発見である。同じ巨大ガス惑星である土星での傾きが木星より大きい理由はよく分かっていない。土星の平均密度は木星の半分程度しかないことから，土星と木星の内部では水素の状態変化に影響を与える温度圧力条件が同じ深さでもかなり違っており，土星のダイナモを担う導電性水素層は土星深部に存在するからかもしれない。天王星や海王星での傾きが小さい点については，巨大氷惑星の磁場モデル決定精度と併せて，次節で議論する。

§2-5　太陽系の磁化天体が持つ磁場

　§2-3 では地球主磁場の標準モデルを解説したので，この節では残りの磁化惑星／衛星がどんな磁場を持っているのかをまとめてみよう。まず，表2-2 を基に太陽系の各磁化天体表面における動径方向成分の分布を描いてみると，図 2-3 のようになる。土星や水星主磁場の軸対称性が非常に高いことや，巨大氷惑星の主磁場が双極子磁場から大きくずれていること等がよく分かる。また，地球型惑星と巨大ガス惑星の主磁場極性が，現在は反対になっていることも見て取れる。さらに，衛星であるガニメデの表面磁場は，惑星である水星のそれよりも大きい。

　惑星探査機には，観測対象となる天体に近接通過（フライバイ）するだけのものと，その天体を周回して観測を継続するものの二種類がある。参考までに，これまでの主な磁化惑星探査機を表 2-3 に示した。この表によれば，太陽系の磁化惑星の内，**周回機**が投入されたと言えるのは，地球を除けば水

表 2-2　各磁化天体の主磁場モデル

	次数	文献	主な磁場探査機
水星	3[#]	Anderson et al.（2012）	MESSENGER
地球	13[*]	Alken et al.（2021）	Swarm
木星	18	Connerney et al.（2022）	Juno
土星	5[#]	Cao et al.（2012）	Cassini
天王星	4	Herbert（2009）	Voyager 2
海王星	8[†]	Connerney et al.（1991）	Voyager 2
ガニメデ	2	Kivelson et al.（2002）	Galileo

[*] 第 13 世代 IGRF（次節参照）による。[#] ゾーナル項のみ。[†] 3 次迄を推奨。

星・木星・土星の三天体で，残る二つの巨大氷惑星には Voyager 2 号によるただ一度のフライバイ観測データしか存在しない。したがって，図 2-2〔右〕で見られた巨大氷惑星の白色的な磁場エネルギー密度スペクトルが，どこまで信頼できるかは今のところ不明である。しかし，太陽コロナ質量放出イベントを太陽観測衛星と地球での実測で確認し，その後は数値シミュレーションによって天王星への到達時期を予想して，ハッブル宇宙望遠鏡による追観測を行った例（Lamy et al., 2012）によれば，天王星でのオーロラ発生が地球近傍からの観測でも初めて確認され，その発生位置もこれまでに提唱された天王星の主磁場モデルと矛盾しなかったと報告されている。ただし，これら巨大氷惑星が持つ主磁場は，どちらも強さが地球の数十倍程度と巨大ガス惑星より 1 桁以上小さく（表 2-4 参照），かつ，その双極子軸が自転軸となす角が数十度と大きい。また，これら傾いた磁気双極子の中心は，惑星中心から惑星半径の 3 割から 5 割以上も離れているなど，図 2-3 に現れている通り太陽系の他の磁化天体と比べてかなり特異である。こうした磁気双極子を "Offset Tilted Dipole（OTD）" と呼ぶが，OTD による近似の妥当性を含め，巨大氷惑星の主磁場については，極軌道を取る周回機による再観測を

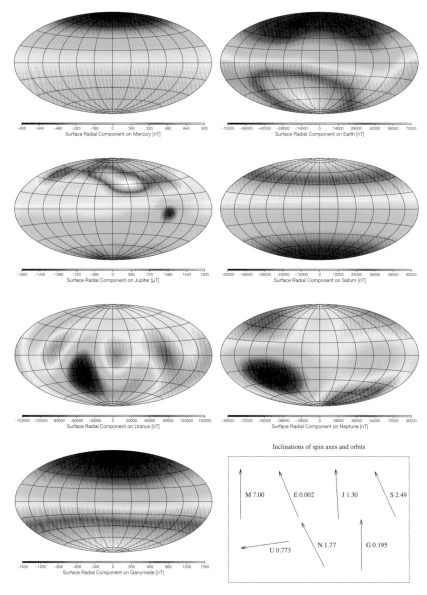

図 2-3　左上から右下の順で，水星・地球・木星・土星・天王星・海王星とガニメ
デの各天体表面における主磁場動径方向成分 [nT]。ただし，木星だけは，
μT 単位で描いてある。一番右下は，各磁化天体の赤道傾斜角を矢印の傾き
で，軌道傾斜角を数値［度］でそれぞれ示している。

表 2-3　主な過去の磁場観測衛星

内惑星	探査機名	探査対象	運用期間	探査方法	備考
	Mariner 10	水星	1973-1975	フライバイ	
	MESSENGER	水星	2004-2015	周回機	
	MAGSAT	地球	1979-1980	周回機	
	Ørsted	地球	1999-	周回機	
	CHAMP	地球	2000-2010	周回機	
	Swarm	地球	2013-	周回機	複数機
外惑星	Pioneer 10	木星	1972-2003	フライバイ	
	Pioneer 11	木星，土星	1973-1995	フライバイ	
	Voyager 1	木星，土星	1977-	フライバイ	星間探査
	Voyager 2	木星，土星 天王星 海王星	1977-	フライバイ	星間探査
	Galileo	木星 ガニメデ	1989-2003	フライバイ ＋周回機	木星へ 着陸機
	Cassini	土星	1997-2017	フライバイ ＋周回機	タイタンへ 着陸機
	Juno	木星	2011-	周回機 ＋フライバイ	木星極軌道

待たないと，はっきりしたことは今後も言えないであろう。

　図 2-2〔右〕で，地球と同様の大きな傾きを持つスペクトルを示したのが，水星と土星である。面白いことに，どちらも自転軸に平行な極めて軸対称性が強い主磁場を持っている。表 2-2 で，「ゾーナル項のみ」と注釈が付いているのもそのためである。ただし，水星の磁場は，表 2-4 から分かるように，土星の 100 万分の 1 程度の大きさしか持たず，また，南北非対称，すなわち，北側へ 500km 弱（惑星半径の 2 割程度）軸双極子の中心がずれている，と

表 2-4　太陽系の磁化天体の磁場強度

	水星*	地球	木星	土星*	天王星[†]	海王星[†]	ガニメデ	太陽[#]
双極子能率 [Am^2]	2.76×10^{19}	7.71×10^{22}	1.42×10^{27}	4.18×10^{25}	3.75×10^{24}	1.99×10^{24}	1.4×10^{20}	2.4×10^{29}
対地球比	3.58×10^{-4}	1	1.84×10^4	5.42×10^2	48.6	25.8	1.8×10^{-3}	3.2×10^6

* 軸双極子能率，[†] Offset tilted dipole moments，[#] 一般磁場

いう違いがある。これら二つの磁化惑星でなぜゾーナル項だけが卓越するのかは，まだよく分かっていない。土星の磁場を観測した Cassini 探査機は，極軌道を周回した時間の方が短いこと，また，水星の MESSENGER 探査機は，狭い水星磁気圏を出たり入ったりしながら近水点が水星の北極付近に集中した長楕円軌道を取ったことが，これらの磁場モデルに影響している可能性もある。これに対し，図 2-2〔右〕に現れた木星主磁場スペクトルの浅い傾きは，Juno 探査機がまだ観測中であるとは言え，本当である可能性が高い。

　表 2-4 で面白いのは，木星の衛星の一つに過ぎないガニメデが，惑星である水星より強い主磁場を持っていることである（Kivelson et al., 1996）。とは言え，ガニメデは太陽系最大の衛星[*4]でもあり，その主磁場の存在は，表 2-3 に示したように，Galileo 探査機によるフライバイ観測で複数回確認されている。各磁化惑星の主磁場の勢力範囲でもある磁気圏は，木星のそれが太陽系最大である。そのため，地球の月とは異なり，ガニメデは木星の磁気圏からは出られないが，木星の自転と共に回転している木星磁気圏プラズマの中を公転している。木星の自転周期が 10 時間弱と短いため，ガニメデは太陽風ではなくこの**共回転プラズマ**が吹きつける中を公転することになる。しかし，磁化惑星に吹きつけている太陽風とは違って，共回転プラズマとガニメデの相対速度は亜音速と遅いため，地球をはじめとする太陽系磁化惑星

---

*4　惑星探査機による直接観測以前は，土星の衛星であるタイタンが太陽系最大の衛星であると考えられていたが，Voyager 1 号による比較観測により，ガニメデが太陽系最大の衛星であることが確定した。とは言え，タイタンも水星よりは平均半径が大きな衛星である。

の磁気圏が必ず伴っている**衝撃波面**をガニメデ磁気圏は持たないという特徴がある。このガニメデ磁気圏のような複雑な磁力線形状のモデル化に適しているのが，§1-4 で述べたオイラーポテンシャルである。磁気圏内のプラズマ分布には濃淡があり，磁気圏尾部の**プラズマシート**のようにかなり高エネルギーのプラズマが溜まっている領域があるかと思えば，ローブ領域のように文字通り"Magnetic Cavity（磁気圏の旧称）"に相当する希薄なプラズマで充たされた空間も混在している。それらの境界が必ずしも明瞭でない磁気圏磁場のモデル化には，トロイダル／ポロイダル分解より，オイラーポテンシャルの方が適している。

　この節の最後に，表 2-3 にもう一つ注釈を加えておこう。この表の後半部，すなわち，外惑星探査に着目すると，これまで外惑星の磁場探査に成功したのは 7 ミッションしかないことが分かる。これに，外惑星を主な観測対象としなかった Ulysses と，磁力計を搭載せずにエッジワースカイパーベルトへ向かった New Horizons を加えても 10 に満たない。加えて，これらの外惑星探査ミッションは，すべて米航空宇宙局（NASA）主導によるものである。しかし，Cassini ミッションでタイタンにホイヘンス探査機を着陸させたのは欧州宇宙機関（ESA）であったこと，また，NASA の Europa Clipper と並ぶ次期外惑星ミッションである JUICE を ESA が主導していることを考えれば，今後の外惑星探査に「日本の若い世代の主導的貢献」が国際的にも強く求められていると考えられる。また，今後新たな外惑星探査ミッションを提案する際には，巨大氷惑星の探査データが決定的に不足していることを考慮すべきだろう。

問 1　(2.18) 式で $n = 0$ とした時の内部項ポテンシャルと，質点周りの重力ポテンシャルの動径方向依存性についてそれぞれ論じなさい。

問 2　表 2-1 に出ている一次の内部ガウス係数を使えば，地磁気双極子が自転軸となす角が推定できる。その角度は何度か。両地磁気極の緯度と共に求めなさい。

問3 (2.19) 式の ϕ_B から磁束密度 $\vec{B} = -grad\ \phi_B$ を計算し，半径 r の球面 S 上において単位面積当たりの磁場エネルギー密度，

$$E_B = \frac{1}{2\mu}\frac{1}{4\pi}\iint_S \left|\vec{B}\right|^2 \sin\theta\, d\theta\, d\varphi$$

を求めると，(2.25) 式を用いて

$$E_B = \frac{1}{2\mu}\sum_{n=1}^{\infty} M_n(r)$$

となることを示しなさい。

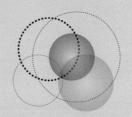

第3章
地球主磁場の時間変動

　地球磁場の時間変化は，外部起源のものと内部起源のものとがあり，前者には短周期の，後者には長周期の現象が顕著に見られる。この章では，後者の時間変化の中で，数年から数千年の時間スケールを持つ地磁気永年変化と，数億年というさらに長い期間不規則に発生し続けている地磁気逆転の二つを主に扱う。その一方で外部起源の磁場時間変化は，第4章以降で取り上げる**天体内部電磁誘導**の原因となる。

　装置による地球主磁場のモニタリングを人類が開始してから，何百年かが過ぎた。この間に蓄積された磁場データにより，人類は自身が住む惑星内部の深部ダイナミクスを初めて知ることができるようになった。すなわち，地球主磁場の空間分布とその時間変化としての地磁気永年変化の実測は，外核表面の流体運動を推定可能にした。これは地震学その他の地球科学分野にはない，地球電磁気学の大きな特長の一つである。

　また，地磁気逆転と，大陸が移動するのではなく海底が拡大する，という仮説を組み合わせることにより，状況証拠に基づく**大陸移動説**から直接的かつ実験室内で検証可能な証拠に基づく**プレートテクトニクス**へと，我々の地球観も変貌を遂げた。その半世紀あまりの歩みも，本章で簡単に振り返ってみようと思う。

§3-1　地磁気永年変化

　地磁気永年変化については本書ではこれまで，§2-2「双極子磁場」で西方移動の存在に，§2-3「国際地球磁場標準モデル」でその時間一階微分に触れたが，この節ではこれらをさらに敷衍する。

非双極子磁場には，南大西洋異常のような移動性のものと，**モンゴル異常**のような停滞性のものとがある。モンゴル異常はユーラシア大陸東部を中心とする正の広域磁場気異常で，日本付近の偏角に影響を与えているとする説（水野，1994）もある。

　また，移動するのは非双極子磁場だけでなく，双極子磁場も西方移動を示す。すなわち，赤道双極子もゆっくり西向きに回転しているように見える。ただし，その速度は，非双極子磁場の西方移動に比べ，数分の 1 程度とかなり遅い。移動性非双極子磁場の速度は，$0.2 \sim 0.3°$/年であり 1000 年から 2000 年で地球を一周してしまう。それに対し，赤道双極子の西方移動は，図 3-1〔左上〕から分かるように，$0.06°$/年程度の速度しか持たず，地球一周には 6000 年以上かかる計算になる。

　赤道双極子だけでなく軸双極子も永年変化しているが，それは経度変化ではなく強度変化に現れる。図 3-1〔右上〕は，最近約 200 年間の軸双極子強度の経年変化を示したものである。1839 年にガウスが初めて地磁気ポテンシャルの球面調和関数展開を行なって以来，第一種ルジャンドル陪関数の準正規化を編み出したシュミット（Adolf Friedrich Karl Schmidt, 1860 ～ 1944）などが同様の球関数展開を行なっている。それらの結果は，地球主磁場で最も卓越している g_1^0 項の絶対値が，最近では単調減少を続けていることを示している。したがって地球主磁場も，全体的に年々弱くなっていると言える。

　前節で，国際地球磁場標準モデルでは，内部ガウス係数の時間一階微分を（狭義の）地磁気永年変化としていると書いたが，それは五年程度の短い期間であれば，実際の地磁気長周期変化も直線的な変化を示す場合が多いためである。そうでない場合でも，時間二階微分まで考慮すれば良い近似が得られる。しかし，もちろん例外もあり，地磁気短期予測の大きな妨げにもなっているのが，時間三階微分，すなわち，地磁気ジャークの存在である。

　図 3-1〔左下〕で模式的に示すように，時間一階微分としての地磁気永年変化が直線的に変化（つまり，地磁気加速度が一定）していたのが，ある時別の直線的変化に突然変わってしまうことが観測されるようになった。それを地磁気加速度で見ると，図 3-1〔右下〕のような階段変化に対応する。こ

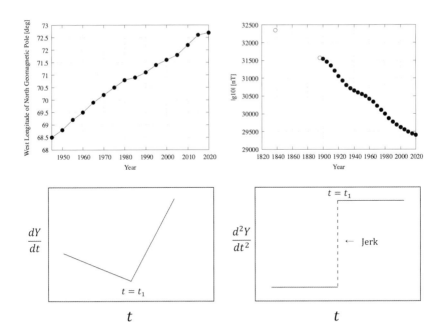

図 3-1　〔左上〕最近 75 年間の北地磁気極西経の変遷。ほぼ一定の割合で増加（西へ移動）している。〔右上〕過去約 2 世紀にわたる軸双極子強度の変遷。白丸左はガウスが，右はシュミットが決めた g_1^0 の絶対値。軸双極子の大きさは，この 180 年間で約 1 割減少したことが分かる。〔左下〕地磁気永年変化東向き成分の時間依存性を表わす模式図。〔右下〕地磁気ジャーク発生前後の地磁気加速度の模式図。

の地磁気加速度の急激な変化を，地磁気ジャークと呼んでいる。

　地磁気ジャークは，欧州の複数の観測点における地磁気東向き成分の地磁気加速度急変として，1969 年の発生が初めて報告された（例えば，Le Mouël et al., 1982）。その後，1969 年以前のデータでの確認例を含め，2000 年までは全球地上地磁気観測網のデータに基づいて，2000 年以降は主に低軌道の地球磁場観測衛星のデータに基づき数多くのジャーク発生例が報告されている。地球磁場観測衛星によりデータの時間／空間分解能が向上したためか，§2-3 でも述べたように，地磁気ジャークは非常に短い間隔，

例えば数年周期で起きているとする研究者もいる。

　地磁気ジャークを自転軸に平行な地球外核内円筒のねじれ振動で説明しようとする説（Bloxham et al., 2002）もあるが，地磁気ジャークの原因は未だよく分かっていない。しかし，地磁気ジャークも地磁気西方移動も，また，軸双極子強度の経年変化も，§1-4 で述べたように，地球外核内には鉄とニッケルの合金を主成分とする高導電性流体が存在し，この流体の磁場の下での運動により発生する発電作用（地磁気ダイナモ作用）の時間変化によるものであることは，ほぼ間違いない。

　地球は，半径約 3500km の主に金属からなる中心核と，その外側の主に珪酸塩鉱物からなる地殻・マントルの二つに大別される。**地球中心核**は，さらに半径約 1200km の固体の**内核**と，その外側の流体核（外核）とに分けられる。地球主磁場の担い手は，この外核中の対流運動であり，それも**熱対流**と**組成対流**に大別される。熱対流は主に内核表面と核マントル境界との温度差により駆動される対流であり，組成対流は主に内核表面で外核へ放出された軽元素が核マントル境界へ浮き上がることにより駆動される対流である。地球が誕生した当初は固体の内核は存在せず，その後の**永年冷却**により固体核が成長し続け，熱機関としての地球を維持していると考えてよい。すなわち，より重い物質の内核への集積により重力エネルギーが解放され，それが地球の主な熱源の一つになっている。それ以外の熱源としては，岩石地球に含まれている放射性元素によるものなどが挙げられる。外核内の対流運動は，地球史の初期には熱対流の寄与が大きかったと推定されるが，現在では組成対流の寄与の方が大きいと考えられている。

　地磁気ジャークも含む広義の地磁気永年変化の原因については，本書ではこれ以上立ち入らないことにするが，外核表面の流体運動に関しては，地表および衛星高度で観測した地球主磁場の空間分布とその時間一階偏微分から制約を与えることができる。次節では，それについて論じてみよう。

§3-2　外核表面流

　地殻とマントルに流れている電流が十分小さいと仮定し，地磁気永年変化

と地球主磁場の空間分布の両方を核マントル境界まで下方接続すれば，外核表面での流れを推定することができる。この節ではまず，その基本となる**磁場の誘導方程式**を導こう。

　変位電流は無視できるとして，磁場の回転を与える（1.2）式の両辺の回転を取ると，

$$\Delta \vec{B} = -\mu_0 \, rot \, \vec{J}$$

となる。今の場合，対象となる導体が運動しているので，オームの法則は（1.6）式の代わりに（1.8）式を用いると，

$$\Delta \vec{B} = -\sigma \mu_0 \, rot(\vec{E} + \vec{v} \times \vec{B}) = \sigma \mu_0 \left\{ \frac{\partial \vec{B}}{\partial t} - rot \left(\vec{v} \times \vec{B} \right) \right\}$$

となる。移項して整理すれば，

$$\frac{\partial \vec{B}}{\partial t} = \frac{1}{\sigma \mu_0} \Delta \vec{B} + rot \left(\vec{v} \times \vec{B} \right) \tag{3.1}$$

を得る。

　この式は，空間に固定されたある点における磁束密度の時間一階偏微分が，右辺第 1 項の磁気拡散と第 2 項の移流で決まることを意味している。（3.1）式は，運動する導体中での磁場の支配方程式を与え「磁場の誘導方程式」と呼ばれる。

　磁場の誘導方程式の右辺第 1 項に対する第 2 項の大きさの比を**磁気レイノルズ数**と言い，この無次元数の値が非常に大きいと磁気拡散項が無視できるほど小さいことになる。（3.1）式で右辺第 2 項だけが有意な場合は，

$$\frac{\partial \vec{B}}{\partial t} = rot \left(\vec{v} \times \vec{B} \right) \tag{3.2}$$

となり，その場の磁場時間変化は流体運動に強く依存する。この状態を，**磁場凍結**と呼ぶ。地球の外核では，磁気レイノルズ数が 10^2 のオーダーにはなるので，磁場凍結が成り立って磁場が流体運動に強く引きずられている部

分も存在すると考えられる。

　ここで外核は球殻であるとして，（3.2）式の動径方向成分に着目してみよう。球座標での発散が，

$$div \, \vec{Q} = \frac{1}{r^2}\frac{\partial}{\partial r}(r^2 Q_r) + \frac{1}{r \sin\theta}\frac{\partial}{\partial \theta}(Q_\theta \sin\theta) + \frac{1}{r \sin\theta}\frac{\partial Q_\varphi}{\partial \varphi} \qquad (3.3)$$

で与えられることに注意すると，

$$\frac{\partial B_r}{\partial t} + \nabla_S \cdot (B_r \vec{v}_S) = 0 \qquad (3.4)$$

が導ける（章末の問2参照）。ここに，∇_S は水平発散を，$\vec{v}_S$ は**外核表面流**を表わす。

　（3.4）式の $\partial B_r/\partial t$ と B_r は共に，地殻やマントルに流れている電流を無視して，地表や衛星高度での観測値を核マントル境界まで下方接続すれば得られる。ただし，未知数である $\vec{v}_S$ は接線方向の速度成分 v_θ と v_φ を持つ二次元ベクトルであるから，（3.4）式だけでは式が一つ足りない。したがって，$\vec{v}_S$ を求めるには，もう一つ別の条件が必要になる。

　ここでよく用いられる仮定に，次の二つがある。

$$\nabla_S \cdot \vec{v}_S = 0 \qquad (3.5)$$

$$\nabla_S \cdot (\vec{v}_S \cos\theta) = 0 \qquad (3.6)$$

（3.5）式は，外核表面で速度の水平発散が零，すなわち，**非圧縮性流体**に対しては $\partial v_r/\partial r = 0$ を意味する。核マントル境界は固液境界であるから，そこでは $v_r = 0$。したがって，$\partial v_r/\partial r = 0$ は，少なくとも核マントル境界近傍の外核には鉛直流が存在せず，安定成層しているとする仮定である。これを流れについて言い換えれば，§1-4で導入した「トロイダル／ポロイダル」という術語を用いて，外核表面付近の流れが「トロイダル流」になっていると言ってもよい。外核表面での速度の水平発散が小さいことは，経験則として知られている（例えば，Whaler, 1980）。

　（3.6）式は（3.5）式とよく似てはいるが，外核表面で**地衡流近似**が成り

立つとする仮定である。この仮定は $\partial v_r / \partial r = 0$ を要求しないので，外核表面で流体の湧き出しや吸い込みを許す。一方で，赤道を横切る流れを許さない仮定にもなっている。いずれにせよ，（3.4）式に加えて，何らかの合理的な条件を核マントル境界で課せば，外核表面での流体の動きを観測に即して推定できることになる。

　最後に，外核表面流の推定で用いられる主な仮定について整理しておこう。

① 地殻とマントルに流れている電流は無視できる。
② 外核表面では磁場凍結近似が成り立つ。
③ 外核表面では，速度の水平発散が無視できるか，あるいは，地衡流近似が成り立つ。

これら三つが近似として許される範囲では，外核表面での流体の動きが観測から直接推定でき，これは他の地球科学分野には見られない地球電磁気学の特長である。しかし，それを可能にしているのは，長年にわたる装置による全球地磁気観測（例えば，Rasson et al., 2011）と，それによって得られた地球主磁場分布および地磁気永年変化であることは銘記すべきである。

§**3-3**　**地磁気逆転**

　図 3-2 に示すように，地磁気は過去何度も逆転を繰り返して来たことが知られている。この図の上と下の段を比べて一つ気がつくことは，下の段のある部分を拡大して見てみても，やはり同じような不規則な変動パターンが現れることである。このように自然界には，例えば樹木の枝葉のように，どの部分を取ってもよく似ている自己相似形がよく現れる。地磁気の逆転も，少なくともその現れ方は，非線形でフラクタルな様相を呈している。

　地磁気逆転を，世界で初めて提唱したのは松山基範（1844～1958）であった。松山は，東アジアに分布する玄武岩を広く蒐集し，その残留磁化測定から地磁気が逆転する可能性を指摘した（Matuyama, 1929）。ただし，英国のファラデーとほぼ同時期に米国ではヘンリーが電磁誘導の法則を発見した

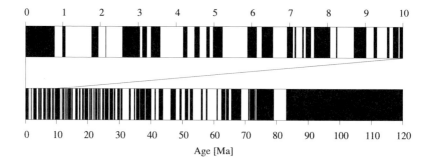

図 3-2 地磁気の逆転史。黒が現在と同方向であった時期を示す。Ogg（2020）およびCande and Kent（1995）による。下が過去 1 億 2000 万年間の変動，上は最近 1000 万年間の拡大図である。下段で約 8300 万年前まで長期間継続する正磁極期は，**白亜紀スーパークロン**と呼ばれている。この期間は，地磁気の極性が安定し続け，約 4000 万年の間，逆転が起こらなかったと考えられている。

ように，科学的発見は複数の研究者によって同時期になされることも多い。地磁気逆転に関しても，松山と同時代のフランス人，ブルンヌ（Antoine Joseph Bernard Brunhes, 1867 ～ 1910）が，現在の地磁気とは反対向きに磁化した岩石が存在することを報告している。これにちなんで，直近の地磁気逆転をブルンヌ・松山境界と呼んでいる。その年代は古くは約 69 万年前とされていたが，地球年代学の進歩により約 78 万年前に改められた。その後，千葉県市原市養老川流域の地磁気逆転地層の発見により，約 77 万年前に再改訂されている。

　地磁気がなぜ逆転するのか，その詳しいメカニズムは未だよく分かっていない。ただし，地球主磁場がその強さや形を保ったまま回転して向きが逆転するのではなく，図 3-1〔右上〕に現れているように，双極子磁場の強度が徐々に弱まった後，反対向きの双極子磁場が成長して逆転に至る，と考えられている。その所要時間も数千年から数万年の間と，地磁気の逆転間隔より短い時間しかかからない。また，逆転時に磁場が完全に消失するわけではなく，弱い非双極子磁場が卓越した時期が現れた後，地磁気逆転が起こると予

想されている。

　約 6 億年前以降は，さまざまな生物化石が大量に見つかるようになることから**顕生代**と呼ばれる地質区分に相当するが，この間に恐竜の絶滅に代表される**生物大量絶滅**が何度も起こったことが知られている。しかし，その頻度は図 3-2 に見られる地磁気の逆転頻度より非常に低く，したがって地磁気が相当程度弱くなっても，それが地表付近の生物種に及ぼす影響は限定的であると考えられる。

　地磁気逆転のメカニズムを探る研究は，地磁気ダイナモ計算と呼ばれる数値シミュレーション分野で現在も活発に行われている。その結果，Glatzmaier and Roberts（1995）により，初めて自発的に反転する非線形地磁気ダイナモ計算結果が示された。その後も世界の複数の研究グループにより，大規模な地磁気ダイナモの数値シミュレーションがなされてきたが，残念ながら未だ現実地球の外核での条件を実現するに至っていない。その最大の原因は，外核内の**エクマン数**が非常に小さいことにある。エクマン数は，運動方程式における粘性力とコリオリ力の比に相当する無次元数だが，現実地球の外核では 10^{-15} 程度と極めて小さい。すなわち，地球の外核は粘性の低い導電性流体が高速回転している領域であり，その乱流的流れと電磁場を数値シミュレーションで再現するには，極めて高い空間分解能を必要とする。しかし，仮想地球の外核内エクマン数は 10^{-10} にも達していない。つまり，現実地球の外核より何桁も粘性が高い導電性回転流体の数値シミュレーションにより，地磁気逆転が計算機の中で再現されているのが現状である。

§**3-4**　大陸移動説からプレートテクトニクスへ

　地震の震源や火山の分布，また，プレート運動といった固体地球に関わる地学現象をよく説明する学説に，「プレートテクトニクス」がある。その前身となった学説は，ドイツの気象学者ウェゲナー（Alfred Lothar Wegener, 1880 ～ 1930）が唱えた「大陸移動説」であったが，今では大陸移動説ではなく，プレートテクトニクスが多くの人に支持されている。なぜだろうか？

　南米大陸北東部の海岸線のでっぱりがアフリカ大陸南西部の凹みにぴった

り合う所から着想を得たウェゲナーは，各大陸に散在する氷河の痕跡・動植物化石の分布・古気候学的な証拠などを集め，2～3億年前に地球上の大陸が一つにまとまって**超大陸「パンゲア」**（ギリシア語でパン・ガイア，すなわち“すべての大地”の意）を形成していたと考えると，これらの状況証拠を合理的に説明できると主張した（Wegener, 1915）。

　しかし，当時の学界の反応は冷たく批判的であり，中でも地震学の権威であった英国のジェフリーズ（Harold Jeffreys, 1891～1989）の「地震波で見た地球内部は鉄のように固い。それをどうやって動かすのか？」という反論は，ウェゲナーにもこたえたはずである。しかし，ウェゲナーはその後も粘り強く主張を続け，特に自著の改訂第四版（Wegener, 1929）では**マントル対流**の存在にも言及している。しかし，ウェゲナー自身もマントルの対流が大陸移動の原動力になるとは考えておらず，原動力の説明ができないままグリーンランドでの観測中に客死し，その後大陸移動説はいったん忘れ去られてしまった。

　一度は否定された大陸移動説が，プレートテクトニクスに形を変えて現代に甦るには，新たな観測事実が必要であった。その一つが，**海洋磁気異常**，すなわち，**地磁気縞模様**の発見である。

　20世紀初頭に産声を上げた量子力学は，核磁気共鳴の研究へとつながり，現在も地球物理学分野でよく利用される**プロトン磁力計**を誕生させた（Packard and Varian, 1954）。この磁力計は，磁場の**ベクトル観測**には不向きだが，磁力計がどんな姿勢であってもスカラー量であるその場の磁場の強さを精密に測定できる，という特長を備えている。したがって，この磁力計を船舶で曳航しながら，航路上で地球磁場の強度測定を行うという**海洋磁気測量**が，1950年代後半から盛んに行われるようになった。

　その結果見つかったのが，海洋磁気異常に特有な線状構造，すなわち，地磁気縞模様である。それまで陸域で行われていた磁気測量では，磁気異常は大小さまざまな正または負の目玉からなり，金属鉱床と相関がある以上の規則性は特にない，と考えられていた。ところが，新たに見つかった海洋の地磁気縞模様は，単にある走向を持って線状に連なっているだけでなく，海底を走る山脈「海嶺」の両側へ対称に広がっていたのである。この規則性を前

節で述べた地磁気逆転と**海底拡大**を組み合わせて見事に説明したのが，ヴァイン・マシューズ仮説（Vine and Matthews, 1963）であった。

　ヴァイン（Frederick John Vine, 1939 〜）は，海嶺の山頂で誕生した海底がその時の地球主磁場を記憶し，海底の拡大に伴って海嶺の両側に広がってゆくため，地磁気縞模様のような海嶺軸に対称な海洋磁気異常のパターンが作られると考えた。誕生した時の地球磁場が現在と同じ方向であれば正に，逆転していれば負に帯磁し，誕生後に固化してしまえば，その後の地磁気逆転の影響は受けない，というわけである。

　ヴァインが下敷きにした「大陸が移動するのではなく海底が拡大する」という説は，ヘス（Harry Hammond Hess, 1906 〜 1969）やディーツ（Robert Sinclair Dietz, 1914 〜 1995）により海山（特に**平頂海山**）の研究を足がかりにして既に唱えられていた。ヴァインの非凡さは，それと地磁気逆転を結びつければ，地磁気縞模様の生成メカニズムが説明できると見抜いた点にある。その後，さまざまな海嶺周辺での地磁気縞模様データの蓄積，帯磁した岩石の海底からの直接採取およびその実験室内での精密測定，地震波の反射／屈折法を用いた**海洋地殻**の探査などによる検証を経て，ヴァイン・マシューズ仮説は広く受け入れられ，大陸移動説をプレートテクトニクスへと進化させる大きな力となった。

　ここで，海洋磁気異常の主な担い手となっている海洋地殻について，少し説明しておこう。

　厚さ数十 km に達する**大陸地殻**とは異なり，海洋地殻の厚さは世界中どこでも 6 〜 7km と薄く，また，驚くほど似た構造をしている。これは海嶺軸直下に存在する海底生産工場としてのマグマ溜まりが，どの海嶺でも酷似していることを示唆している。海洋地殻の最上部は，海嶺軸の近傍を除き，遠洋性堆積物からなり，その下に枕状溶岩（マグマが急冷されてできた玄武岩層）と貫入岩によって作られた岩脈が存在する。最下部は深成岩である層状ハンレイ岩で占められ，厚さもハンレイ岩層が最も厚い。ただし，磁気的には真ん中の玄武岩層の**熱残留磁化**が最も強い。玄武岩もハンレイ岩も，かんらん岩などの**上部マントル**を構成する岩石が溶融・固化してできることが分かっている。

海底が拡大した結果，大陸が移動したことの証拠は，各大陸地塊の定方位岩石サンプルを解析した結果からも明らかになっている。採取した岩石の残留磁化測定から伏角と偏角が分かれば，双極子磁場の仮定の下，その岩石が磁化した年代の仮想的な地磁気極の位置が推定できる。それを各地塊・各年代について求めて時間平均すれば，各大陸から見て極の位置が年代によってどう変わっていったかを示す（見かけの）**極移動曲線**が大陸ごとに描ける。それらを比較すると，形はよく似ているのに互いに重なることはない。地球の極が大陸ごとに存在したとは考えにくいので，極移動曲線の位置のずれは各大陸間の相対運動を表わしていると解釈すれば，極移動曲線を重ね合わせることにより大陸間の平均相対変位を求めることができる。これらの極移動曲線を「見かけの」としたのは，各移動曲線が真の極移動に加えて大陸移動分をまだ含んでいるためである。

　地磁気縞模様や極移動曲線の解析により，「海底は拡大し，その結果として大陸も移動する」ことを疑う余地はなくなったが，それらの原動力は何なのだろうか？

　プレートテクトニクスに関する研究の進展によって，海底の拡大速度には地域差があることも分かってきた。例えば，太平洋の拡大速度は場所によっては年間 10cm を超えるが，大西洋の拡大速度はその約半分の 5cm/年程度しかなく，全海嶺の平均拡大速度と概ね一致する。大ざっぱに言えば，海嶺と対になる沈み込み帯を伴う海洋底の拡大速度は速く，そうでない海洋底では遅い。拡大速度の増大をもたらす要因として，沈み込み帯（海溝）における海洋プレートの引っ張り力（スラブプル）がある。海嶺で誕生した海洋プレートは，海嶺から遠ざかるにつれて冷却し厚みを増す。こうして周囲より重く冷たくなった海洋プレートは，沈み込み帯で地球内部へと潜り始め，海洋プレート全体を海溝へ引き寄せようとする。これがスラブプルである。

　これに対し，大西洋の両岸は沈み込み帯を伴わないのに，遅いとは言え拡大を続けている。これは，海嶺軸直下にマントルが上昇して来たために生ずるプレートを押す力や，海嶺軸から離れた所ではマントル水平流がプレートを運ぶ力を及ぼすからである。これらプレートに働く力は，プレート下のマントル対流なしには発生し得ない。地球のマントルの粘性率は，$10^{21} \sim$

10^{22} [Pa・s] と非常に大きい。したがって，ジェフリーズが主張した通り，地震波で見たマントルは，あたかも剛体であるかのように振る舞う。しかし，地質学的な長い時間が経つと，粘性流体であるマントルは流れるのである。地磁気縞模様から海底の年代も逆算できるが，現在確認されている最古の海底は北西太平洋の約二億年である。逆に言うと，熱機関としての地球がその活動を停止しない限り，数億年のサイクルでマントルは流れ，海底は拡大を続ける。こうした地球内部の活動，特にマントルの対流運動が，プレートテクトニクスの原動力だと言えるだろう。

問 1　表 2-1 の地磁気永年変化が今後も維持されたとすると，軸双極子磁場が消失するのは今から何年後になるか？

問 2　磁場凍結近似を認めれば，地球の核マントル境界で（3.4）式「磁束密度動径方向成分 B_r の保存則」が成り立つことを示しなさい。

問 3　プロトン磁力計は，大きさ B [T] の磁束密度中で陽子の核スピンが歳差運動し，その周波数 f [Hz] が B に比例する，すなわち，

$$f = \frac{\gamma_P}{2\pi} B$$

の関係を充たすことを利用して，磁束密度の大きさを絶対測定する装置である。γ_P は陽子の回転磁気比と呼ばれる定数であるが，日本では 2005 年にそれまで使われていた 2.67513×10^8 [$T^{-1}\cdot sec^{-1}$] から 2.67515333×10^8 [$T^{-1}\cdot sec^{-1}$] に変更された。今，周波数 f の測定値が 2kHz であったとすると，この定数の変更により何 nT の違いが生ずるか？

問 4　地衡流平衡が成り立っている場合には，外核表面流に対する制約条件が（3.6）式で与えられることを示しなさい。

第4章
磁場の時間変化と天体内部電磁誘導

　第3章では，地球内部起源の磁場時間変化として地磁気永年変化を取り上げたが，この章では地球外部起源の磁場時間変化をいくつか解説する。中でも，**磁気嵐**という急激な**外部磁場擾乱**を第2章で扱った方法で内外分離してみると，外部から侵入しようとする磁力線を打ち消すように内部起源の磁力線が作られること，すなわち，地球をはじめとする惑星やその衛星の多くは「導体」であり，外部磁場変化によりその内部に**渦電流**が流れて，外部磁場の空間分布に呼応した双極子磁場その他の内部起源磁場が発生することを示す。さらに，こうした天体内部の電磁誘導問題を解くには，外部磁場変化の周期性を仮定した**周波数領域**での解法と，外部磁場変化を**過渡現象**と捉える**時間領域**での解法があることを述べる。

§4-1　外部磁場時間変化
──地磁気静穏日変化・地磁気脈動・シューマン共鳴

　外部磁場の時間変化は，地球周辺空間の太陽風の状況に大きく依存している。太陽風の平均速度は約400km/秒だが，この程度の太陽風が安定して地球に吹きつけている時は，地表の固定点では規則正しい地磁気の日変化が観測される。これが地磁気静穏日変化であり，Sq（Solar quiet daily variations）と称される。

　Sqの外部磁場部分（以下，「外部Sq」と呼ぶ）を作っているのは，主に電離圏に流れている電流である（例えば，Yabuzaki and Ogawa, 1974）。電離圏プラズマの電気伝導度は，日射による高層大気の電離度に強く依存す

るため，昼側と夜側で極端に異なる。中性大気の電離により電気伝導度が上がった昼側の電離圏では，地球主磁場と荷電粒子の運動がカップリングしてダイナモ作用が生じ，外部 Sq の元となる電流系が形成される。外部 Sq の時間変化に対する導体地球の応答として，地球内部に流れる渦電流に起源を持つ磁場（以下，内部 Sq と呼ぶ）も発生し，地表の観測所では両者の和がいわゆる Sq として観測される。

　このように Sq の周期性は地球の自転と同期しているため，地表の観測所の地磁気三成分時系列を周波数解析してみると，Sq は周期 24 時間とその高調波の**ラインスペクトル**として明瞭に現れる。この Sq の周期性はかなりはっきり見え，第六高調波，すなわち，周期 4 時間の変化くらいまでは比較的容易に検出可能である。

　Sq には内部起源の磁場も含まれていることから，地球内部で起こっている電磁誘導の研究にも用いられ，19 世紀末（例えば，Schuster, 1889）から 1960 年代（例えば，Matsushita, 1967）にかけて球面調和関数展開により盛んに研究された。しかし，

① 球面調和関数展開には，全球多点同時観測が必要であること
② Sq は有限波長であり，時間変化も観測点ごとに異なること
③ 電離圏の Sq 電流系が，日によってまちまちであること

などの理由により，局地的あるいは広域的な探査の場合には，むしろノイズとして取り除かれることが多くなっている。つまり，外部 Sq 電流系を正確にモデル化することなしに，天体内部電磁誘導のソースとして利用することは難しい。ただ 24 時間という比較的長い基本周期を持つ Sq が，地球深部の電気伝導度を調べるのに重要な自然現象であることは今も変わっていない。

　自然電磁波は，その周波数によって分けられ，次に取り上げる**地磁気脈動**は ULF（Ultra Low Frequency）波動に，**シューマン共鳴**は ELF（Extremely Low Frequency）波動に分類される。さらに地磁気脈動は，その周期と波形によって表4-1 のような名前がついている。ただし，これらは 1963 年にIAGA により定められた（Jacobs et al., 1964）かなり古い呼称であること

表 4-1　地磁気脈動の種類

周期 [秒]	0.2 ～ 5	5 ～ 10	10 ～ 45	45 ～ 150	150 ～ 600	600 ～
呼称	Pc1	Pc2	Pc3	Pc4	Pc5	Pc6
		Pi1（1 ～ 40 秒）		Pi2（40 秒～150 秒）		Pi3（150 秒～）

Jacobs et al.（1964）他による。

に注意されたい。表中の c と i は，観測波形が正弦的な連続波（continuous）か，不規則（irregular）であるかの別を表わしている。

　地磁気脈動に代表される ULF 波動の多くは，磁気圏で発生したプラズマ波動が磁力線を伝わって地表に届いたものである。地球主磁場の磁力線は，地球周辺空間に張り巡らされた弦のようなものであり，それらの弦を伝わって伝播する磁気流体波が存在する。その一つの例が**アルヴェン波**であり，これは磁力線の**磁気張力**を復元力とする**横波**である。

　地震波を波線追跡することにより，地球内部の大規模構造を探ることが可能であるのと同様，ULF 波動を用いて磁気圏を広い範囲にわたって調べることもできる。このように ULF 波動は磁気圏の研究に用いられる一方で，天体内部電磁誘導分野でも，地殻・マントルの比較的浅い部分を探査するための外部磁場擾乱として利用されている。

　導体と導体にはさまれた絶縁体は，電磁気学的には**空洞**となり，絶縁体がある走向を持っていれば，その方向に電磁波が伝播する**導波管**をなす。自然界でも，地球の電離圏と地表にはさまれた中性大気は導波管となり得る。中性大気が作る導波管を伝わる電磁波の励起源は，主として雷による放電である。中性大気中で稲妻が光ると，さまざまな周波数の電磁波がいろいろな方向へ放出される。しかし，これらの電磁波の内，長い時間存在し続ける**定常波**となり得るのは，共鳴条件を充たしたもの，すなわち，波長が地球の全周の整数分の 1 の波である。この電磁波は**空洞共鳴**の一種で，発見者のシューマン（Winfried Otto Schumann, 1888 ～ 1974）にちなんで「シューマン共鳴」と呼ばれている。地球の中性大気の場合には，その基本周波数は 7.83

Hz であり ELF 波動に属する。このシューマン共鳴も，天体内部電磁誘導を研究するための外部磁場擾乱として使うことができる。導波管を伝わる電磁波は，進行方向に関して二次元になるので，（1.1）式と（1.2）式が **TE モード**と **TM モード**の二つに分かれるが，その詳細については付録 E を参照されたい。

§4-2 磁気嵐

　磁化天体に吹きつけている太陽風が突然強まると，天体規模の磁場変動に発展する場合がある。これが磁気嵐である。地球のような磁化惑星は，自身が持つ主磁場と太陽風の相互作用により磁気圏を形成するが，磁気圏外の宇宙空間に存在する磁場を**惑星間空間磁場**（IMF: Inter-Planetary Magnetic Field）と呼ぶ。地球の場合には，IMF が南向き，すなわち，地球主磁場と反対方向である場合に，大きな磁気嵐が発生することが多い。これは，昼側の磁気圏界面で**磁力線再結合**（磁気リコネクション）が起き，地球磁気圏内に粒子やエネルギーが注入されるためである。磁気リコネクションによる磁力線のつなぎ替えは，昼側磁気圏界面だけでなく，地球や太陽系のあちこちで起きている。太陽表面や磁気圏尾部，また，地球の外核内でも発生し，地球外核内での磁気リコネクションは，トロイダル磁場とポロイダル磁場の相互変換過程として重要である。

　図 4-1 の中段では，2001 年 11 月にホノルルで観測された二つの磁気嵐が明瞭に見て取れる。この図から分かるように，地表で見た磁気嵐は地磁気水平成分の顕著な減少で特徴づけられ，急始型と緩始型の二つに分けられる。急始型は，全地球的な地磁気水平成分の階段型増加（**SSC: Sudden Storm Commencement**）とその継続（**磁気嵐の初相**），地磁気水平成分の大きな減少（**主相**）とその回復（**終相**）の経過をたどる。SSC は，急激な**太陽風動圧**の増加による磁気圏の圧縮と圏界面電流の増加が主な原因と考えられている。緩始型は明確な SSC を伴わないが，その後の経過は急始型と同様である。磁気嵐の特徴である地磁気水平成分の減少は，地球半径の数倍程度の所を流れている西向きの**磁気圏赤道環電流**が強まるのが原因である。

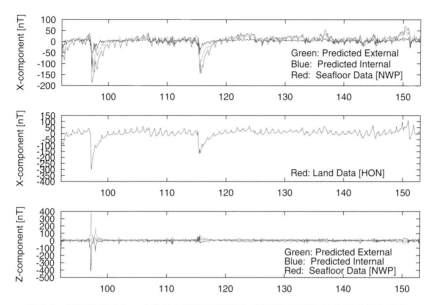

図 4-1　2001 年 11 ～ 12 月の地磁気毎時値。横軸は 2001 年 8 月 1 日からの
経過日数。縦軸の値域が図毎に異なっていることに注意。〔上〕北西太平洋
海盆の海底長期電磁場観測点 NWP における地磁気北向き成分（赤線）と
その内訳（緑が外部磁場の，青が内部磁場をそれぞれ表わす）。〔中〕ホノ
ルルにおける地磁気北向き成分。〔下〕NWP における鉛直下向き成分（赤）
とその内外分離結果（緑と青）。

　図 4-1 上段には，同じ磁気嵐をホノルルから遠く離れた北西太平洋の海
底観測点で捉えた結果を示している。上段と中段の比較から分かるのは，両
者の赤線が驚くほどよく似ていることである。何千 km も離れた点で酷似し
た波形が観測されることは，磁気嵐が空間スケールの非常に大きな全球的な
現象であることを示している。上段には，外部磁場（緑線）と内部磁場（青
線）の推定値も描き加えてある。中性大気中で測定された磁場は，たとえ時
間変化していても，その周波数が十分低ければ球面調和関数展開により**逐次
内外分離**が可能である。この図のように毎時値（あるいは毎分値でも）であ
れば，磁場の時間変化率が小さいため変位電流の寄与は無視できる。緑の外
部磁場変化が加わった結果，電磁誘導により青の内部磁場が発生し，その和

である赤が実際に観測される磁場になる。ここで注意して欲しいのは，接線成分の場合には実現する磁場が印加された外部磁場よりも大きくなる点である。つまり，電磁誘導が起きるため，全磁場の磁力線は導体である地球の表面に平行になろうとする性質を持ち，結果として磁場接線成分は強められることになる。

　それと対照的なのが，図4-1下段の法線成分である。11月上旬の磁気嵐では，外部磁場と内部磁場が反平行になっているのがはっきりと分かる。このように，外部磁場変化によって電磁誘導が起こると，天体内部に発生した渦電流によって内部磁場が作られるが，それは外部磁場の法線成分を打ち消して磁力線の導体内への侵入を防ぐ働きをする。もし地球が**完全導体**であれば，外部磁場の法線成分を完全に打ち消してしまうはずであるが，両者の和である赤の全磁場が零になっていないのは，地球内部の電気伝導度が有限（かつ不均質）だからである。

　磁気嵐は太陽風の急激な変化が原因だが，それには太陽の外層大気であるコロナが深く関係している。**太陽コロナ**は主に陽子と電子からなるプラズマであるが，太陽の磁場エネルギーが力学的エネルギーに変換され，その一部が突然放出されることがある。この現象は**コロナ質量放出**（CME: Coronal Mass Ejection）と呼ばれている。太陽の磁場エネルギーが，主に電磁放射に変換されると**太陽フレア**が発生する。太陽フレアも地球にとって外部磁場擾乱の原因となり得るが，擾乱の程度はCMEイベントの方が大きくなることが多い。太陽表面での磁場エネルギーの蓄積やその変換過程は不規則であり，CMEによる磁気嵐は突発的な大擾乱につながることもある。こうした大きな磁気嵐は必ず地球内部の渦電流を伴うので，地表の送電網に深刻な影響を与え広域的な大停電につながることもある。このような渦電流は，**地磁気誘導電流**（GIC: Geomagnetically Induced Current）と呼ばれ，特に高緯度地方で問題となっている。1989年にはカナダ・ケベック州で，2003年にはスウェーデンで，突発性大規模磁気嵐による広域停電が発生している。現代の送電網は自然発生的に発達したものであるから，非常に非線形性が高いシステムになっており，1箇所の変電所での不具合が送電網全体に及ぶ可能性もある。したがって，中緯度域に位置する日本でも，**太陽活動度**によっ

ては GIC とあながち無関係とも言い切れない面がある。

　また磁気嵐には，突発性のもの以外に周期性を持つものもある。代表的な
のが，太陽の自転に伴う磁気嵐である。太陽コロナには，コロナホールと呼
ばれる低温・低密度の領域がある。主に太陽の両極付近に広い範囲にわたっ
て存在するが，コロナホール自体が高緯度域から低緯度域へ伸びてきたり，
太陽活動が活発になると，局所的なコロナホールが低緯度にも形成されたり
する。これらは高速太陽風の吹出口になっており，太陽が自転すると周期的
に地球の方へ送風口が向く。これは周期 27 ～ 28 日の**回帰性磁気嵐**の原因
となる。

　太陽から放出されたプラズマは約 2 日で地球周辺に到達し，それが持つ
磁場の向きによっては磁気嵐の発生につながる。磁気嵐の継続時間は，おお
むね 2 ～ 3 日である。図 4-2 には，2003 年 10 月末に発生したハロウィー
ン嵐に伴う磁場を示してある。この磁気嵐は突発性大規模擾乱の典型例であ
り，前述のスウェーデンでの広域停電の原因にもなった。図 4-2 の左上には，
Dst 指数と呼ばれる地磁気活動度指数を示した。Dst 指数は，中緯度に存在
する南北両半球の 4 観測所（ヘルマナス＝南ア，サンファンおよびホノル
ル＝米国，柿岡＝日本）における**水平分力**を緯度補正後に平均したものであ
り，磁気圏環電流強度の目安になる。四つの Dst 観測所は，各観測所にお
ける地磁気データの長期的な信頼性に加え，経度方向にほぼ等間隔で地球を
一周するように選ばれている。中緯度の観測所を選ぶのは，高緯度の**オーロ
ラジェット**や磁気赤道付近を流れる**赤道ジェット**といった電離圏に間欠的に
現れる強い外部電流の影響を小さくするためである。

　左上の図で Dst 指数が谷になっている部分が磁気嵐主相の最終盤，すな
わち，磁気圏赤道環電流が最も発達した時間帯に当たる。残りの図は，左上
の赤縦線で示した時刻の球面調和関数展開の結果である。左下の外部磁場鉛
直成分を見ると，北半球で赤，南半球で青のパターンを示すことが分かる。こ
れは，次数 1 の外部磁場，すなわち，地球のサイズからするとほぼ一様と見
なせる磁場が北から南に向かってかかっているために，このような空間分布
になると解釈できる。これに対し右下の内部磁場鉛直成分は，外部磁場とは
逆の，北で青，南で赤の双極子的分布を示し，地球内部で電磁誘導が起きて

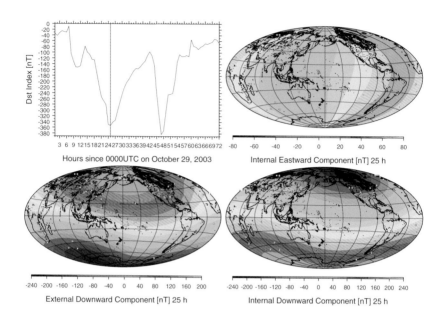

Hours since 0000UTC on October 29, 2003

Internal Eastward Component [nT] 25 h

External Downward Component [nT] 25 h

Internal Downward Component [nT] 25 h

図4-2　2003年10月末に発生したハロウィーン嵐の逐次内外分離結果。〔左上〕2003年10月29日00:00UTCから3日分のDst指数。赤縦線は，残りの図の内外分離時刻を表わし，展開次数は六次までである。〔左下〕外部磁場の鉛直下向き成分。白丸は，内外分離に使用した地磁気観測所を示す。〔右下〕内部磁場の鉛直下向き成分。〔右上〕内部磁場の東向き成分。

いることを示している。もし地球が絶縁体であれば，左下が全磁場を表わし，右下は全面真っ白，すなわち，零磁場となるはずである。つまり，外部磁場と内部磁場が正反対の空間分布になることが，取りもなおさず地球が導体であることの証拠となっている。図4-1下段では，この事情を定点における時系列変化として見たわけである。右上に示した内部起源の地磁気東向き成分は，外部磁場そのものか，または，地球内部の電気的構造に不均質（軸対称あるいは球対称構造からのずれ）が卓越していないと顕著に現れない成分なので，現象や構造の三次元性の目安として描いてある。この図を見る限り，東向き成分は内外の軸対称成分の数分の一程度の大きさしか持たないので，地球規模の電磁誘導現象においても双極子項が卓越していると考えられる。

　このように磁気嵐は空間スケールの非常に大きな現象であり，天体内部電磁誘導分野では，局地的な研究から全球規模の構造推定まで幅広く利用されている。磁気嵐の周波数特性を見ると，個別のイベント毎に違いはあるものの，多くは短周期から長周期まで広帯域の時間変化を含むので，定点観測結果を導体地球の**周波数応答関数**（外部磁場に対する内部磁場の比）に変換して構造推定に利用できる。しかし，例えば急始型磁気嵐などは，外部磁場の急変に対する導体地球の**過渡応答**と見ることもできる。この場合は，地震波の波形インバージョンのように，時間領域で磁気嵐をモデル化し構造解析してもよい。電磁誘導問題を周波数領域と時間領域のどちらでどう取り扱うかについては次節以降に譲るが，いずれの領域でも，可能な限り多くの外部磁場擾乱事例に対して解析を行ない，それらにスタッキングその他の平均操作を施して，最も確からしい電気的構造を求めることに変わりはない。

　ここまで取り上げた外部磁場時間変化を，時間スケールが短いものから順に並べると「シューマン共鳴，地磁気脈動，Sq，磁気嵐」になるが，これらの周期は 0.1 秒から 10 万秒と 6 桁に及ぶ。この帯域にはこれら四つ以外にもさまざまな自然電磁場変動が存在するが，帯域の両側にも電磁場変動のスペクトルは広がっており，内部起源のものまで含めれば 10^{-6} 秒から数十年までの実に 15 桁にも及ぶ。しかし，驚くべきことにこれら地表で観測される電磁場変動のエネルギースペクトルは，概ね $1/f^2$ に比例することが経験的に知られている（Füllekrug and Fraser-Smith, 2011）。これは「自然の電磁場変動が無数の不規則で過渡的な現象の重ね合わせからなっているため」と解釈され，雷にしても磁気嵐にしても大きな擾乱は大きな時間間隔でしか起こらないことと符合する。エネルギースペクトルについての議論は付録 F でもう少し詳しく解説するが，自然界には非常に広い周期帯にわたって，電磁誘導による天体内部の研究に利用できる電磁場変化が存在することを覚えておいて欲しい。

§4-3　周期変化による電磁誘導

　外部磁場の周期的な時間変化に対する導体地球の応答は，両者の相関が十

分高ければ観測時系列でも確認できる。Rikitake and Yokoyama（1955）は，地磁気鉛直成分の短周期時間変化と水平二成分のそれとが高い相関を示すことを見出した。時間変化分を Δ で表わすことにすると，この相関は次式で書くことができる。

$$\Delta Z(t) = a \cdot \Delta X(t) + b \cdot \Delta Y(t) \tag{4.1}$$

ここで，X, Y, Z はそれぞれ地磁気の北向き，東向き，鉛直下向き成分を表わし，a, b は観測点ごとに異なる実数係数である。ただし，a, b は，場所だけの関数というより外部磁場変化の周期にも依存し，また，地磁気三成分時間変化の時系列 $\Delta X, \Delta Y, \Delta Z$ の間には位相差も存在するので，$\Delta X, \Delta Y, \Delta Z$ を複素フーリエ変換して（4.1）式を周波数領域で書き直し，

$$\Delta \tilde{Z}(f) = A(f) \cdot \Delta \tilde{X}(f) + B(f) \cdot \Delta \tilde{Y}(f) \tag{4.2}$$

とした方がより正確である。（4.1）式は経験的に見つかった関係だが，$\Delta X, \Delta Y, \Delta Z$ を独立変数だと思うと，三次元空間における平面の方程式と解釈でき，その法線ベクトルは $(a, b, -1)^t$ になる。つまり，短周期地磁気時間変化の各成分は，何らかの理由により互いに勝手に変わることができずに（4.1）式の束縛条件を充たす。すなわち，（4.1）式で表わされる平面上に束縛されている。

　時間変化磁場の束縛平面が形成される理由は，定性的には図 4-3 のように説明される。今，元となる外部磁場変化の磁力線は，上空では地表面に平行だったとする。ただし，地下の良導体には図のような起伏がある。この時，外部磁場が正弦的に時間変化すると，それによる誘導起電力は地表面のどこでも同じである。しかし，かかっている誘導起電力が同じでも，電気伝導度が違っていれば，流れる誘導電流の強さは場所によって異なってくる。特に，図のように盛り上がっている二次元良導体の肩の部分では，誘導電流の水平シアーが大きくなるため，地磁気鉛直成分が生成される。図の左側では上向きの，右側では下向きの鉛直成分が発生し，結果としてもともと水平だった磁力線が良導体の上面に沿って持ち上げられる。すなわち，図 4-1 の上段で説明した通り，誘導分を含む磁力線は導体表面に平行になろうとする。

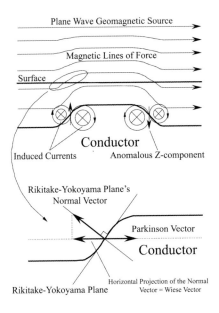

図 4-3　短周期地磁気時間変化の束縛平面（Toh and Honma, 2008 による）

　図 4-3 の下側は，良導体の左肩部分の磁力線を拡大した模式図である。短
周期地磁気時間変化で束縛平面が形成されるのは，一言で言えば地磁気水平
成分の時間変化によって余剰な鉛直成分が作られるためである。この電磁誘
導によってできた束縛平面を，発見者にちなんで**力武・横山平面**と呼んでい
る。この平面の法線ベクトルの水平面内への正射影を，力武・横山と同時期
に束縛平面の存在に気づいた研究者の名を取って，**ウィーゼベクトル**（Wiese,
1962）と呼ぶ。その符号を変えたものは，その提唱者にちなんで**パーキン
ソンベクトル**（Parkinson, 1962）と呼ばれている。符号を反転するのは，
そうした方がベクトルを地図上に描いた時，良導体が存在する方を指し示す
からである。

　このように（4.1）式の a, b は，天体内部の電気的な構造を反映している。
これを利用して内部構造を知るには，（4.2）式の $A(f), B(f)$ を観測時系列

65

から周波数応答として精度良く推定し，その周期依存性と空間分布を最も良く説明する構造モデルを求めればよい。周波数応答関数として磁場水平成分に対する鉛直成分の比を用いる方法を，「GDS（Geomagnetic Depth Sounding）法」と呼んでいる。また，その基となる $A(f), B(f)$ は，**地磁気変換関数**と呼ばれる。

　互いに相関を持つ電磁場成分は，地磁気三成分だけではない。平山（1934）は，樺太の豊原地磁気観測所の地磁気南北成分と地電位差東西成分とが明瞭な相関を示すことに気づき，その比に周期依存性があることも明らかにした。この関係を式で書けば，

$$\Delta E_y(t) = Z \cdot \Delta X(t) \tag{4.3}$$

となるが，地磁気東西成分と地電位差南北成分にも相関関係があるので，(4.2) 式にならいこれらの相関を周波数領域で書き下すと，

$$\begin{pmatrix} E_x \\ E_y \end{pmatrix} = \begin{pmatrix} Z_{xx} & Z_{xy} \\ Z_{yx} & Z_{yy} \end{pmatrix} \begin{pmatrix} B_x \\ B_y \end{pmatrix} \tag{4.4}$$

を得る。簡単のため，時間変化分を表わす Δ と周波数 f は省略した。(4.2) 式の $A(f), B(f)$ は磁場と磁場の比になるため無次元だが，次の四つの複素数 $Z_{xx}(f), Z_{xy}(f), Z_{yx}(f), Z_{yy}(f)$ は，磁束密度に対する電場の比になるため速度 [m/s] の次元を持つ。磁束密度の代わりに磁場を使った比も用いられるが，こちらは抵抗 [Ω] の次元を持つので，$Z_{ij}(f)$ をインピーダンス，(4.4) 式右辺の係数行列も**インピーダンステンソル**と呼ぶ。このテンソルを周波数応答関数として使用する方法が，**地磁気地電流法**（Magnetotelluric 法，略して **MT 法**）である。

　(4.4) 式はベクトル行列方程式の形になってはいるが，左辺の水平電場成分がそれぞれ地磁気水平二成分の線形結合で与えられる二入力一出力系になっているのは（4.2）式と変わりはない。このように導体地球の応答関数は，外部磁場変化に相当する地磁気水平二成分と，それと相関のある電磁場成分の線形結合係数として与えられる場合が多い。

　では相関のある電磁場成分として，異なる場所の地磁気水平二成分 B_x',

B_y' を選んだらどうなるだろうか？　（4.4）式の左辺を $(B_x', B_y')^t$ で置き換えると，

$$\begin{pmatrix} B_x' \\ B_y' \end{pmatrix} = \begin{pmatrix} K_{xx} & K_{xy} \\ K_{yx} & K_{yy} \end{pmatrix} \begin{pmatrix} B_x \\ B_y \end{pmatrix} \tag{4.5}$$

と書ける。（4.4）式は水平電場と水平磁場の相関を表わす式なので，非対角成分が主成分で対角成分は小さくなるのに対し，（4.5）式は水平磁場同士の相関を表わすため対角成分が主成分になり，その値は 1 に近くなる。ただし，同じ外部磁場変化がどちらの場所にもかかっていたとしても，地下の電気的構造が二つの場所で異なれば，K_{xx} や K_{yy} が 1 に等しくなることはない。図 4-1 〔上〕で説明したように，電磁誘導が起きると導体表面の磁場接線成分は強められるので，K_{xx} や K_{yy} が 1 より大きいと $(B_x, B_y)^t$ が観測された場所よりも地下の電気伝導度が高い場所で $(B_x', B_y')^t$ が測定された，と解釈できる。すなわち，$K_{xx}(f)$, $K_{xy}(f)$, $K_{yx}(f)$, $K_{yy}(f)$ は，**水平成分の地磁気変換関数**（例えば，Fujiwara and Toh, 1996）として利用できる。

　では，$(B_x, B_y)^t$ が海面で，$(B_x', B_y')^t$ が海底で観測できた場合はどうなるだろうか？

　天体内部で起きる電磁誘導は，ソースである外部磁場時間変化を天体内部に発生した渦電流で打ち消してゆく過程である。したがって，（1.30）式で表わされる表皮深度より十分深い所では，外部磁場はほぼ打ち消されていると考えてよい。海面から地下へ伸びた非常に細長い矩形内で（1.2）式を面積分してみると，海面での $(B_x, B_y)^t$ が矩形内に流れている全電流量の目安になることが分かる。したがって，$(B_x, B_y)^t$ と $(B_x', B_y')^t$ の差は，海水中に流れている全電流量に比例する。ただし，海面下は電気的に水平成層構造をなす，と仮定した場合の話である。この時もし海底下の電気伝導度構造が絶縁的であったとすると，海底下にはあまり誘導電流が流れないため，海底での磁場接線成分には海底下からの寄与があまり足されず，結果として $(B_x', B_y')^t$ は $(B_x, B_y)^t$ に比べて振幅がずっと小さくなる。反対に，海底下の構造が良導的な場合には，$(B_x', B_y')^t$ の振幅は $(B_x, B_y)^t$ のそれとあまり変わらなくなる。このことを利用して，海面と海底での地磁気水平成分時間変化の（差ではな

く）比から $K_{xx}(f), K_{xy}(f), K_{yx}(f), K_{yy}(f)$ を求めて海底下の電気的構造を調べる方法を，**地磁気鉛直勾配法**（VGS: Vertical Gradient Sounding; Law and Greenhouse, 1981）と呼ぶ。平面波ソースに対する一次元構造問題の場合には，実は VGS 法と MT 法は等価になるのだが，その詳細は第 6 章で解説する。実際には，海底とその直上の海面での観測はできないので，海面での地磁気水平成分時間変化の代わりに，最寄りの海洋島や沿岸の観測所の値が VGS 法では使われる。

周期変化の最後に，インピーダンステンソルの**回転不変量**について説明しておこう。

（4.4）式の MT インピーダンステンソルは二次の正方行列であるから，主軸変換のための回転と言っても平面内での回転である。平面内の回転に対してインピーダンステンソルは，以下の三つの回転不変量を持つことが知られている（Swift, 1967）。

① 対角成分の和（行列の「跡 "trace"」）
② 非対角成分の差
③ 行列式 "determinant"

例えば三つ目の行列式は，テンソルを構成する二つの二次元縦ベクトルの外積に相当し，外積の絶対値はその二つのベクトルが張る平行四辺形の面積に等しいので，座標の回転によっては変化しない。このように，線分の長さや図形の面積／体積は回転不変量になる。

MT インピーダンステンソルは，一次元の場合には測定座標系によらず，

$$\begin{pmatrix} Z_{xx} & Z_{xy} \\ Z_{yx} & Z_{yy} \end{pmatrix} = \begin{pmatrix} 0 & Z \\ -Z & 0 \end{pmatrix} \tag{4.6}$$

で表わされる**交代テンソル**になるが，二次元の場合には座標回転により主軸変換すれば，

$$\begin{pmatrix} Z_{xx} & Z_{xy} \\ Z_{yx} & Z_{yy} \end{pmatrix} = \begin{pmatrix} 0 & Z_{xy}' \\ Z_{yx}' & 0 \end{pmatrix} \tag{4.7}$$

のように，対角成分を零にできる。しかし，①と②の回転不変量の比を取れ
ばその比も回転不変量になるので，わざわざ主軸変換を施さずともインピー
ダンステンソルが二次元性を持つかどうかを判定できる。すなわち，

$$S \equiv \frac{|Z_{xx} + Z_{yy}|}{|Z_{xy} - Z_{yx}|} \tag{4.8}$$

は，一次元／二次元では厳密に零になり，零にならない場合でも S の値が小
さければ三次元性が低い，と判定できる。この S を**スキューネス（歪度）**と
呼び，MT 法では構造次元性の簡易判定に用いられる。

§**4-4** 過渡現象としての電磁誘導

　図 4-2 で非常に大きな突発性磁気嵐の逐次内外分離結果を示したが，磁
気嵐を過渡現象として天体内部電磁誘導の研究に利用するには，以下のよう
な方法が考えられる。

　まず簡単のため，天体を一様な電気伝導度を持つ導体球だとしよう。**一様
導体球**の過渡応答には解析解（Chapman and Bartels, 1940）があり，一
様球に突然外から一様磁場（q_1^0）を印加した場合の誘導磁場減衰曲線は図
4-4〔左上〕のようになる。磁場は，基本的に時間の経過と共に指数関数的
に減衰してゆくが，減衰の仕方は一様球の電気伝導度に依る。すなわち，一
様球の電気伝導度が高ければなかなか減衰しないが，低いと球内部に発生し
た誘導電流の時定数 $\sigma\mu_0(a/\pi)^2$ が小さくなり，アッ言う間に減衰してしまう。
ここに σ, a はそれぞれ，一様球の電気伝導度と半径である。

　図 4-4〔左上〕でどの導体球も $t = 0$ で $g_1^0 = 1/2$ となるのは，一様外部
磁場 $q_1^0 = 1$ が**階段関数**だからである。すなわち，$t = 0$ における誘導起電力
は無限大であるから，どんなに絶縁的な一様球であってもその電気伝導度が
零でない限り，あたかも**完全導体球**であるかのように振る舞う。次章で具体
的に示す通り，完全導体球の内外比は $n/(n + 1)$ なので，どの一様導体球
も $q_1^0 = 1$ であれば $g_1^0 = 1/2$ から出発する他ない。しかし，完全導体球で
はないことは，誘導電流が**ジュール散逸**によって減衰してゆくので，少し時

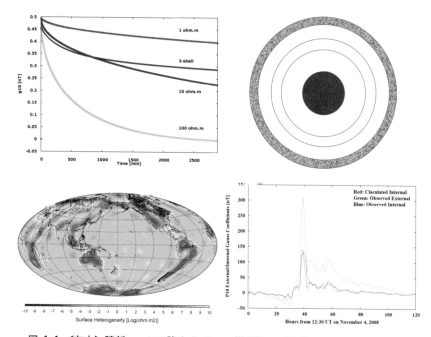

図 4-4 〔左上〕時刻 $t = 0$ で強さ 1nT の一様磁場を一様導体球に外部から突然印
加した時の過渡応答。導体球の半径は 1000km。赤線は，抵抗率が浅い
方から 100，10，1[ohm.m] で，境界面が深さ 100km と 600km に
ある球対称導体の応答。〔左下〕地球表面から深さ 20km までの抵抗率分
布。〔右上〕地球の四層球殻モデル。各球殻の厚さは，浅い方から順に
20km，400km，250km と 2200km。中心の赤い円は半径 3481km
の完全導体球を，最上部の網掛け部分は左下図に描いた厚さ 20km の表層
不均質をそれぞれ表わす。〔右下〕2008 年 11 月初めに観測された磁気
嵐の外部磁場（q_1^0：緑線）を，右上のモデルに印加した時に生じる誘導内
部磁場 g_1^0 の計算値（赤線）を観測値（青線）と比較したもの。

間が経てばすぐに分かる。完全導体球だけが，永久電流により $g_1^0 = 1/2$ を
保つことができる。

　多くの天体に対して球対称導体は，それらの電気的構造の一次近似になり
得るが，三次元性を考慮する必要ももちろんある。特に地球は，その表層に
液体の水が存在する特異な磁化天体であり，海水がイオン水であるためその

電気伝導度は地殻を構成する岩石よりずっと高くなる，したがって地球をより良くモデル化するには，海陸分布に起因する電気伝導度の表層不均質が無視できない。そこでで，図4-4〔左下〕に示した表層の構造不均質を最上部の球殻に取り入れ，図4-4〔右上〕のような球状導体で地球を近似することにする。

　図4-4〔右上〕の球状モデルに対して，実際に観測された外部磁場を印加した例を，球面調和関数の一次の項について図4-4〔右下〕に示す。外部磁場の時間変化に対してどんな内部磁場ができるかは，時間領域で三次元計算可能（Hamano, 2002）だが，計算値と観測値を比較すると，少なくとも一次の項に関しては良い一致を示すことが分かる。与えられた観測外部磁場に対して，磁気嵐が継続している時間内で計算内部磁場と観測内部磁場が高次項も含めて最も良く一致するように，表層不均質と中心に置かれた完全導体球の間の球殻構造を決定することは可能である。また，それを複数の磁気嵐について行ない，それらの平均を取れば，最も確からしい地球内部の球殻構造を時間領域インバージョンにより求めることもできる。その際，図4-4〔右上〕に示した球対称導体は良い出発モデルとなる。このモデルの表層不均質と完全導体球にはさまれた中間三層の電気伝導度は，浅い方から順にそれぞれ，0.01, 0.1 および 1 S/m である。

　全球的な電気伝導度インバージョンに応用可能な順計算法については，時間・周波数いずれの領域でもさまざまな方法が提案されている。周波数領域での計算法が多いが，その主なものを挙げれば，**入れ子格子有限差分法**に基づくもの（藤・Schultz・上嶋, 2000; Kelbert et al., 2008），**有限要素法**に基づくもの（Ribaudo et al., 2012），**積分方程式**に基づくもの（Kuvshinov, 2008）などがある。時間領域での計算法は，この節で紹介した接線方向には球面調和関数で展開し動径方向には有限差分を用いる方法（Hamano, 2002）や，接線成分の取り扱いは同じだが動径方向に有限要素法を用いる方法（Velímský and Martinec, 2005）がある。ただし，Ribaudo et al.（2012）の計算法は，周波数領域・時間領域のどちらにも適用できる。

　全球的な電磁誘導問題では，周波数領域にしても時間領域にしても，三次元拡散方程式を球座標で解いていることに変わりはない。したがって，天体

深部まで構造解析しようとすると，周波数領域では長周期応答を使わなければならないし，時間領域では長時間時間発展させる必要がある。ただし，時間領域で長時間の時間発展計算が必要だからと言って，**陽解法**を用いると時間ステップを任意には選べない。現在対象としている物理現象が，格子点間を伝わるのに必要な時間より時間ステップを短くしなければ，計算が発散してしまうからである。陽解法そのものや，時間ステップに対する制約条件については，付録 G をぜひ参照されたい。

問 1 : 地球を半径 6371km の球で近似した時，シューマン共鳴の基本周波数が 7 から 8Hz の間の値を取ることを示しなさい。

問 2 : (4.5) 式右辺に出てきた地磁気水平成分の変換関数を要素とする行列に対して，MT インピーダンステンソルの歪度 S に相当する量を求めなさい。

問 3 : 半径が 6371km，電気伝導度が 1S/m の一様導体球内に流れている誘導電流の時定数は約何日になるか？

Column 3 ┃ フンボルトと磁気嵐 ┃

　数物系科学を志す者にとって，ガウスはある意味「神」に近い存在だが，彼と同時代のドイツ人で国内的にも国際的にも大きな影響力を持った人物と言えば，やはりフンボルトである。

　フンボルトは，当時のヨーロッパ社会の著名人であり，博物学者・地理学者また探検家といろいろな顔を持っていた。特に地理学においては，全 5 巻

からなる地理学書『コスモス』を著し，近代地理学の祖の一人に数えられている。

　この大著の基となったのは，フンボルトが青年期に敢行した南北アメリカ大陸探検旅行（1799 〜 1804）である。探検に先立ちフンボルトは，ナポレオン戦争に揺れるウィーンで，遠征に必要と思われる科学の理論や方法を学んでいる。これが，彼の新大陸行を単なる探検ではなく，近代地理学と地球物理学の先駆けと呼ばしめる理由である。

　地磁気に関しても，フンボルトの功績は大きい。大航海時代以来，地磁気は人類の長距離移動に不可欠な航法情報であり続けていたが，地磁気方位が重要視される一方，地磁気強度については現在でも探すのが難しいほど記録が残っていない。フンボルトは，糸に吊るした磁針の単位時間あたりの振動回数を数えて，その場の地磁気強度（水平分力）を決定した。この方法がフンボルト以前に既に知られていたにせよ，それを地球物理学的な移動観測に応用したのは，恐らくフンボルトが世界で初めてだっただろう。ガウスの有名な「地磁気の一般理論」に出てくるガウス係数の値も，フンボルト単位で記載されている。現代の国際単位で言えば，34.94nT に相当する大きさである。

　フンボルトは，この方法で南米探検中も地磁気強度測定を行ない，地球主磁場強度が高緯度ほど強く，赤道付近で最も弱くなることを見出した。さらに，時折地磁気の水平分力が数時間から数日にわたって弱くなる現象も発見し，これを磁気嵐と名付けた。

　フンボルトはまた，南米西岸を北上するフンボルト海流とその沿岸域に生息するフンボルトペンギンにもその名を残している。

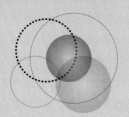

第5章
球対称導体の電磁誘導

　前章では，天体規模の電磁誘導現象が実際に存在し，それが非常に広い帯域にわたっていることを示すと共に，その三次元解法の分類までを行なった。この章では，まず導体内の誘導電磁場が従う支配方程式を導き，球対称の導体に対しては周波数領域における解析解が存在することを示す。また，その解析解は，第2章で述べた地磁気ポテンシャルと同様，変数分離型の解になること，および，一様導体球と**同心導体球**の解の違いについても学ぶ。その過程で必要な境界条件，すなわち，「異なる電気伝導度を持つ媒質の境界における電磁場の連続条件」についても整理する。この条件は，本書では第6章でも用いる一般的な関係である。

§5-1　導体内における誘導磁場の支配方程式

　今，体積電荷 ρ が存在しない空間に置かれた，電気伝導度 σ が一様な導体を考える。電気伝導度 σ は十分大きく，変位電流は伝導電流に比べて無視できるとすると，(1.2) 式は，

$$rot\vec{B} = \mu_0 \vec{J} \tag{5.1}$$

となるし，また，(1.11) 式も，磁場のベクトルポテンシャル $\vec{A}$ を用いて，

$$\vec{E} = -\frac{\partial \vec{A}}{\partial t} \tag{5.2}$$

と書ける。ここで，（1.6），（1.10）および（5.2）式を（5.1）式に代入して整理すると，

$$\Delta \vec{A} + i\omega\sigma\mu_0 \vec{A} = 0 \tag{5.3}$$

を得る。これは，磁場のベクトルポテンシャル $\vec{A}$ に対するベクトル三次元ヘルムホルツ方程式である。ただし，電磁場の時間変化は正弦波的（$\vec{A} \propto e^{-i\omega t}$）であるとし，$\partial/\partial t \to -i\omega$ と置き換えた。

　さらに，この導体の表面は絶縁体で覆われているとすると，導体に起電力を及ぼせるのは（5.2）式の時間変化だけであり，これは導体外に流れている電流が作るポロイダル磁場の時間変化に他ならない。導体表面の絶縁体中ではポロイダル電流が流れられないので，必然的に一様導体内部にはトロイダル磁場も存在しない。したがって，球座標における磁場のベクトルポテンシャル $\vec{A}$ のトロイダル／ポロイダル分解は，動径方向の単位ベクトル $\vec{e}_r$ を用いて，

$$\vec{A} = rot\,(r\mathcal{P}\vec{e}_r) \tag{5.4}$$

で与えられる。ここに $\mathcal{P}$ は，導体内の誘導磁場に対するポロイダルスカラーである。（5.4）式を（5.3）式に代入して整理すれば，

$$\Delta \mathcal{P} + i\omega\sigma\mu_0 \mathcal{P} = 0 \tag{5.5}$$

となり，$\vec{A}$ に対するベクトル三次元ヘルムホルツ方程式の代わりに，$\mathcal{P}$ に対するスカラー三次元ヘルムホルツ方程式を解けばよいことが分かる。（5.5）式が球座標における誘導磁場の支配方程式であり，同じスカラーポテンシャルの求解でも，（2.3）式よりやや複雑で難しくなっている。すなわち，電流が存在しない空間における静磁場の問題では，ラプラス方程式を充たすスカラーポテンシャルを求めればよかったのに対し，時間変化する誘導電流が作る磁場を求めるには，媒質の性質を表わす σ を含む項が左辺に加わったヘルムホルツ方程式を解かなければならない。

§5-2　電気伝導度境界における電磁場の連続条件

　(5.5) 式を静止した不均質導体に対して解くには，電気伝導度 σ が異なる構造境界において電磁場各成分が充たすべき条件が定まっていなければならない。それなしには，一般解も個々の境界条件に合う具体的な解も求められないからである。

　そこでまず，(1.1) 式を図 5-1〔左〕の矩形内で面積分してみよう。左辺は，ストークスの定理により，

$$\iint_S rot\vec{E} \cdot d\vec{S} = \oint_C \vec{E} \cdot d\vec{s} \tag{5.6}$$

となる。ここに，S は矩形の面積，C は矩形の各辺からなる閉曲線を表わす。また左辺は，

$$-\iint_S \frac{\partial \vec{B}}{\partial t} \cdot d\vec{S} \tag{5.7}$$

となる。ここで矩形の縦の辺を両方とも短くしてゆき零に近づけると，磁束密度の時間変化率が無限大でなければ，矩形の面積が零に近づく分，(5.7) 式自体も零に漸近する。一方，(5.6) 式は，一周積分から縦の二つの辺の寄与が無くなるものの，横二つの辺の寄与は残るので，結局，

$$E_\parallel^a - E_\parallel^b = 0 \tag{5.8}$$

を得る。ここで，$\parallel$ は境界面に平行な成分を，上付きの添字は各媒質をそれぞれ示している。(5.8) 式は，電気伝導度境界では，電場の接線成分が連続であることを意味している。

　同様に，変位電流を無視して，(5.1) 式を図 5-1〔左〕の矩形内で面積分してみると，σ_a, σ_b のどちらも有限で，かつ，この節の最後に取り上げる例外的な場合を除き，

$$B_\parallel^a - B_\parallel^b = 0 \tag{5.9}$$

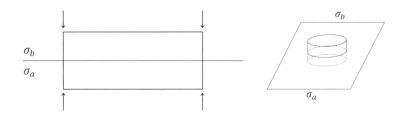

図 5-1 〔左〕境界面に垂直な微小矩形。〔右〕境界面に垂直な微小円筒。

が得られ，電気伝導度境界での磁束密度接線成分の連続条件が出る。ただし，どちらの媒質の透磁率も同じであるとした。

次に，磁束密度法線成分の連続条件について考えよう。(1.4) 式を図 5-1〔右〕の円筒内でガウスの定理を用いて体積分し，円筒の高さを無限小にしてみると，円筒側面の寄与を考えないでよくなる。したがって，

$$B_\perp^a - B_\perp^b = 0 \tag{5.10}$$

が得られる。ここで ⊥ は，境界面に垂直な成分を表わしている。

問題は電場の法線成分で，境界面に表面電荷が存在している場合には，(1.3) 式を図 5-1〔右〕の円筒内で体積分しても連続にならない。そこで，(1.3) 式の代わりに (1.14) 式を体積分すると，体積電荷の時間変化率が無限大でなければ，

$$J_\perp^a - J_\perp^b = 0 \tag{5.11}$$

を得る。これは，(1.14) 式の電荷保存則に由来する，電流密度法線成分の連続条件である。この時，電場の法線成分は，(5.11) 式から

$$\sigma_a E_\perp^a = \sigma_b E_\perp^b \tag{5.12}$$

となり，$\sigma_a = \sigma_b$ でなければ $E_\perp^a \neq E_\perp^b$，すなわち，「電場の法線成分は不連続」になる。

（5.8）〜（5.12）式は，電気伝導度が異なる境界面において，

① 磁場はどの成分も連続
② 電場の接線成分は連続
③ 電流の法線成分は連続だが，電場は不連続

の三つにまとめられる。ただし，①の接線成分には例外があり，地球内部の核マントル境界のように境界の上下で電気伝導度に非常に大きな違いがある場合や，磁気圏尾部のカレントシートのような**電流シート**の上面と下面では，磁場の接線成分にも不連続なジャンプが見られることがある（電流シートに関するさらに詳しい議論は，§6-4 も参照されたい）。これに対し，磁場の法線成分の連続性は，どんな場合にも保たれていると考えてよい。

§**5-3**　**一様導体球に対する解析解**

さて，電気伝導度が σ_0 の一様導体球に対して（5.5）式を解くことを考えよう。球座標ではラプラシアンが（A.9）式で与えられることを思い出し，ϕ_B と同様 $\mathcal{P}$ についても（2.5）式のような変数分離解を探すことにすると，（5.5）式は次の三つの二階線形常微分方程式に分解できる。

$$\frac{d}{dr}\left(r^2 \frac{dR}{dr}\right) + \{k^2 r^2 - n(n+1)\}R = 0 \tag{5.13}$$

$$\frac{d}{d\theta}\left(\sin\theta \frac{d\Theta}{d\theta}\right) + \sin\theta\left\{n(n+1) - \frac{m^2}{\sin^2\theta}\right\}\Theta = 0 \tag{5.14}$$

$$\frac{d^2\Phi}{d\varphi^2} + m^2\Phi = 0 \tag{5.15}$$

ここに，$k^2 = i\omega\sigma_0\mu_0$ で，k は導体球内の**電磁波数**に相当する。これら三つ

表 5-1　球座標における変数分離型の解が持つ座標依存性

	ラプラス方程式	ヘルムホルツ方程式	シュレディンガー方程式
接線方向	球面調和関数	球面調和関数	球面調和関数
動径方向	べき乗	球ベッセル関数	ラゲールの陪多項式

の式を眺めてみると，接線方向の座標（θ, φ）に関しては，§2-1 で行なった ϕ_B の球面調和関数展開とまったく平行な議論が，分解に用いた変数分離定数 n, m を含めて成り立つことが分かる。すなわち，（5.14）と（5.15）式は，（2.9）および（2.10）式と何ら変わりがない。

　問題は動径方向で，（2.7）式とは異なり，（5.13）式の左辺第 2 項には一様球の物性を反映した $k^2 r^2$ が加わっている。このため，$\mathcal{P}$ の動径方向依存性を表わす R には，初等関数ではなく特殊関数（**球ベッセル関数**）が必要になる。球ベッセル関数の詳細は付録 H に譲ることにして，種々の方程式の解が持つ動径方向依存性について少し整理しておくことにしよう。

　表 5-1 に，球座標における変数分離型の解が持つ座標依存性を，三つの支配方程式を例に取ってまとめてみた。いずれの場合も，球対称問題に限って言えば，動径方向依存性だけが変わってゆくことに注意されたい。すなわち，接線方向については，支配方程式が変わっても，球面調和関数 $Y_n^m(\theta, \varphi) = P_n^m(\theta)e^{im\varphi}$ があれば事足りる。

　付録 H で述べるように，第二種球ベッセル関数（**球ノイマン関数**）は原点，すなわち，球の中心で特異になるため，（5.13）式の線形独立解には採用できない。したがって，一様球の場合，（5.5）式の変数分離解は，

$$\mathcal{P}(r, \theta, \varphi) = R(r)\Theta(\theta)\Phi(\varphi) = a \sum_{n=1}^{\infty} \sum_{m=0}^{n} u_n^m \sqrt{\frac{\pi}{2kr}} J_{n+\frac{1}{2}}(kr) Y_n^m(\theta, \varphi) \quad (5.16)$$

で与えられる。ここに a, u_n^m, J はそれぞれ，一様球の半径，次数 n と位数 m の組ごとに決まる係数，そして第一種ベッセル関数である。（5.16）式の $\mathcal{P}$ に対して，誘導磁場の磁束密度 $\vec{B}$ は，$\vec{B} = \text{rot rot } (r\mathcal{P}\vec{e}_r)$ により決まる。ただ

し，一様導体球あるいは球対称導体の場合は，与えられた外部磁場のモード (n, m) と異なるモードの二次磁場が誘導されることはない。つまり，モードごとに $\vec{B}^{n,m} = \text{rot rot } (r\mathcal{P}^{n,m}\vec{e}_r)$ の計算を実行し，必要ならすべてのモードについて和を取れば，$\vec{B}$ 全体を求めることができる。$R_n(r) = \sqrt{\dfrac{\pi}{2kr}} J_{n+\frac{1}{2}}(kr)$ とおいて，具体的に $\vec{B}^{n,m}$ を書き下してみると，

$$
\begin{pmatrix} B_r^{n,m} \\ B_\theta^{n,m} \\ B_\varphi^{n,m} \end{pmatrix} = \begin{pmatrix} au_n^m \dfrac{n(n+1)}{r} R_n Y_n^m \\ a\dfrac{u_n^m}{r} \dfrac{d}{dr}(rR_n) \dfrac{\partial Y_n^m}{\partial \theta} \\ a\dfrac{u_n^m}{r\sin\theta} \dfrac{d}{dr}(rR_n) \dfrac{\partial Y_n^m}{\partial \varphi} \end{pmatrix}
\tag{5.17}
$$

のようになる。これらの磁場三成分を，球面上で観測された磁場と比較することにより，u_n^m を消去し R_n に隠れている k，すなわち，一様導体球の電気伝導度 σ_0 を知ることができる。それにはまず，（2.19）式を次のように書き換え，

$$
\phi_B = a \sum_{n=1}^{\infty} \sum_{m=0}^{n} \left\{ i_n^m \left(\frac{a}{r}\right)^{n+1} + e_n^m \left(\frac{r}{a}\right)^n \right\} Y_n^m(\theta, \varphi)
\tag{5.18}
$$

導体球外のポテンシャル磁場の各成分と球面上で接続すると，

$$
(n+1)i_n^m - ne_n^m = n(n+1)u_n^m \sqrt{\frac{\pi}{2ka}} J_{n+\frac{1}{2}}(ka)
\tag{5.19}
$$

$$
i_n^m + e_n^m = \sqrt{\frac{\pi}{2}} u_n^m \left\{ \frac{n}{\sqrt{ka}} J_{n+\frac{1}{2}}(ka) - \sqrt{ka} J_{n-\frac{1}{2}}(ka) \right\}
\tag{5.20}
$$

の 2 式を得る。（5.18）式を微分して求められる磁場三成分と（5.17）式の磁場三成分が球面上でそれぞれ等しいとしても式が二つしか出てこないのは，接線成分が独立した情報を与えないからである。逆に言えば，観測値としては接線成分のどちらか一方があればよい[*5]，ということになる。

[*5]　ただし，自転軸に関して軸対称な磁場の場合には B_φ が零になるので，B_θ を知る必要がある。

（5.19）と（5.20）式から u_n^m を消去すると，

$$\frac{i_n^m}{e_n^m} = -\frac{n}{(n+1)}\frac{J_{n+\frac{3}{2}}(ka)}{J_{n-\frac{1}{2}}(ka)} \tag{5.21}$$

という関係が得られる（Parkinson, 1983）。ここで，（H.4）と（H.5）式の第一種ベッセル関数に関する漸化式を何回か用いた。（5.21）式は導体球表面で内外分離を行えば，その**内外係数比**を使って k が推定できることを示している。また，この内外係数比が結果として m に依らなくなっている，すなわち，n だけに依ることにも気づいて欲しい。さらに k が非常に大きくなると（電気伝導度 σ で言えば一様球が完全導体球に近づくと），内外係数比は $n/(n+1)$ に漸近する。これが，図 4-4〔左上〕で g_1^0 が 1/2 から出発している理由である。

§**5-4** 同心導体球に対する解析解

球対称導体のもう一つの例として，中心にある一様導体球にさまざまな同心導体球殻が加わった図 5-2〔左〕のような場合を考えよう。

導体球殻は特異点である共通中心を含まないので，球ノイマン関数を（5.5）式の線形独立解の一つとして採れる。したがって，この場合のポロイダルスカラー $\mathcal{P}$ は，（5.16）式とは異なり，

$$\mathcal{P}(r,\theta,\varphi) = a\sum_{n=1}^{\infty}\sum_{m=0}^{n}\left\{u_n^m\sqrt{\frac{\pi}{2kr}}J_{n+\frac{1}{2}}(kr) + v_n^m\sqrt{\frac{\pi}{2kr}}J_{-n-\frac{1}{2}}(kr)\right\}Y_n^m(\theta,\varphi) \tag{5.22}$$

で与えられる。これが，一様導体球と同心導体球の解析解の大きな違いである。図 5-2〔左〕に示したように，球面直下の球殻は 1 番目の，中心に置いた一様球は $N+1$ 番目の導体であるというように番号 $l\,(1\leqq l\leqq N+1)$ を付け，各球殻の下面の半径を r_l で，各導体内での u_n^m, v_n^m, k を $u_n^m(l),$ $v_n^m(l), k_l$ で表わすことにすると，各内部境界面での磁場三成分の連続条件

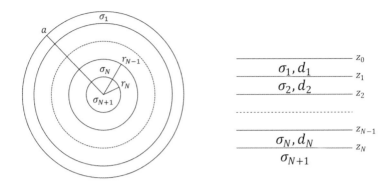

図 5-2　〔左〕同心導体球の構造。〔右〕水平成層構造をなす導体系。対象となる空間スケールに対して，同心導体球の半径が十分大きい場合に相当する。

から，次の二つの漸化式が得られる。

$$
\frac{u_n^m(l)}{\sqrt{k_l}} J_{n+\frac{1}{2}}(k_l r_l) + \frac{v_n^m(l)}{\sqrt{k_l}} J_{-n-\frac{1}{2}}(k_l r_l)
$$

$$
= \frac{u_n^m(l+1)}{\sqrt{k_{l+1}}} J_{n+\frac{1}{2}}(k_{l+1} r_l) + \frac{v_n^m(l+1)}{\sqrt{k_{l+1}}} J_{-n-\frac{1}{2}}(k_{l+1} r_l) \tag{5.23}
$$

$$
\sqrt{k_l r_l} \left\{ u_n^m(l) J_{n-\frac{1}{2}}(k_l r_l) + v_n^m(l) J_{-n-\frac{3}{2}}(k_l r_l) \right\}
$$

$$
- \frac{n}{\sqrt{k_l r_l}} \left\{ u_n^m(l) J_{n+\frac{1}{2}}(k_l r_l) + v_n^m(l) J_{-n-\frac{1}{2}}(k_l r_l) \right\}
$$

$$
= \sqrt{k_{l+1} r_l} \left\{ u_n^m(l+1) J_{n-\frac{1}{2}}(k_{l+1} r_l) + v_n^m(l+1) J_{-n-\frac{3}{2}}(k_{l+1} r_l) \right\}
$$

$$
- \frac{n}{\sqrt{k_{l+1} r_l}} \left\{ u_n^m(l+1) J_{n+\frac{1}{2}}(k_{l+1} r_l) + v_n^m(l+1) J_{-n-\frac{1}{2}}(k_{l+1} r_l) \right\} \tag{5.24}
$$

これらの式は，$(u_n^m(l), v_n^m(l))^t$ を一つ下の $(u_n^m(l+1), v_n^m(l+1))^t$ と関係づける式になる。ここで，中心にある一様球中では球ノイマン関数を解として採れないので $v_n^m(N+1) = 0$ としてよく，$u_n^m(N+1)$ も零でない任意の

数（例えば 1 ）から出発しても一般性を失わない。（5.21）式のような「比」を周波数応答関数として使う場合，$u_n^m(N+1)$ がどんな値であっても分母・分子の共通因子としていずれ約せるからである。したがって，（5.23）および（5.24）式を使って，中心球から内部境界条件をつないでゆけば，仮定した同心導体球の構造パラメータ（各導体の電気伝導度 σ_l と球殻の厚さや一様球半径）から $u_n^m(1)$ と $v_n^m(1)$ を求めることができる。こうして得られた $u_n^m(1)$ と $v_n^m(1)$ を使って，導体球外のポテンシャル磁場と接続すれば，同心導体球の理論応答（例えば内外比）が各周波数について計算できる。それらと観測応答とを比較して，各モードの周波数依存性を最も良く説明する構造パラメータとその誤差を，順問題ないし逆問題の解として求めれば，与えられた外部磁場変化に対する同心導体球内の電磁誘導問題が解けたことになる。

問 1 （5.4）式の P が，（5.5）式を充たすことを示しなさい。

問 2 異なる電気伝導度の境界面における磁場の連続条件（5.9）および（5.10）式を，具体的に矩形内あるいは円筒内での積分を実行して導きなさい。

問 3 一様導体球の場合，磁束密度の各成分が，（5.17）式で表わされることを示しなさい。

第6章
水平成層構造をなす導体の電磁誘導

　前章では，球対称導体の電磁誘導について論じた。この章では，水平成層構造を
なす導体に，水平な波面を持つ平面波が入射した場合の電磁誘導問題を取り上げる。
地球の曲率が無視できる空間スケールでの局所／広域構造探査では，この外部磁場
と内部構造の組み合わせが第一近似として重要である。すなわち，外部磁場の波長
が対象の空間スケールより十分長く，かつ，中低緯度であれば，外部磁場は水平な
波面を持つ平面波として取り扱える。また，水平成層構造の理論応答を知っていれ
ば，それからの食い違い量の大小で地下構造がさらに高い次元性を持っているかど
うかも判定できる。

　この章の冒頭二節では，**半無限一様導体**に対して一次元拡散方程式を具体的に解
きながら，§4-3 で扱った地磁気地電流法をさらに敷衍する。次いで §6-3 では，
水平成層構造の場合にも，§5-4 で述べた球対称導体と同様の，周波数領域におけ
る解析解が存在することを示す。最終節では，水平成層構造の最上部に，非常に薄
いが横方向に電気伝導度が変化する導体を付け加えた場合の電磁誘導問題について
解説する。

§6-1　半無限一様導体中の電磁場

　§5-3 では一様導体球の問題を扱ったが，ここでは半無限一様導体を取り
上げる。今，地表面は平坦であるとし，地表から上は中性大気，すなわち，
絶縁体が占め，地表から下は一様な電気伝導度 σ_0 の導体が無限に続いてい
るとする。このような導体を，半無限一様導体と呼ぶ。この導体に，上方か

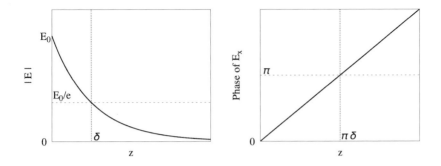

図 6-1 〔左〕電場の振幅の深さ依存性。δ は（C.17）式に登場した δ である。〔右〕電場の位相の深さ依存性。

ら地表面と平行な波面を持つ電磁波を入射させる。この電磁波はさまざまな周波数を含んでいて構わないが，ここではある角周波数成分 ω について解を求めておく。こうしておけば，あとで必要なすべての ω について重ね合わせることができ，多周波問題の解も得られる。

今，入射する水平電場方向に x 軸を，鉛直下向きに z 軸を，そして，(x, y, z) が右手系をなすように y 軸を水平面内に取る。入射した水平電場の振幅は一定とする。また，z 軸の原点を地表面に置く。

半無限一様導体内の電場成分 E_x の支配方程式は，入射電場が正弦波的な時間変化を示す場合には，（C.13）式になる。その一般解は（C.16）式で与えられるが，（C.16）式の右辺第 1 項は $z \to +\infty$，すなわち，地下深くで発散する。自然の電磁場変化による電磁誘導問題では，半無限一様導体内に誘導起電力以外の電流源は存在しないので，一般性を失うことなく $A = 0$ としてよい。また，地表面（$z = 0$）で $|E_x| = E_0$ とすると，結局半無限一様導体内の電場は，

$$E_x = E_0 e^{-\alpha z} \tag{6.1}$$

と書ける。ここで α は，（C.17）式で与えられる電磁波数である。したがって，

E_x の振幅は，図 6-1〔左〕に示すように，深さ z と共に指数関数的に減衰し，減衰の程度は α，すなわち，半無限一様導体の電気伝導度 σ_0 と電磁場変化の角周波数 ω で決まる（§1-5 参照）。一方，E_x の位相も，付録 C および図 6-1〔右〕で示すように，深さと共に変化する。

　磁場については，(1.1) 式から，半無限一様導体内には E_x と直交する水平成分しか存在しないことが分かる。具体的に書き下すと，

$$B_y = \frac{1}{i\omega}\frac{\partial E_x}{\partial z} = \frac{i\alpha}{\omega}E_x = \frac{i\alpha}{\omega}E_0 e^{-\alpha z} \tag{6.2}$$

になる。

§6-2　誘導電場と磁場の振幅比と位相差

　(6.1) と (6.2) 式の比を取ってみよう。

$$Z \equiv \frac{E_x}{B_y} = -\frac{i\omega}{\alpha} = \sqrt{\frac{\omega}{\sigma_0\mu_0}}\, e^{-\frac{\pi}{4}i} \tag{6.3}$$

この Z は，速度の次元を持つ電場と磁束密度の比，すなわち，半無限一様導体のスカラーインピーダンスを表わしている。(6.3) 式から半無限一様導体の抵抗率（**比抵抗** [Ωm]）は，

$$\rho_0 \equiv \frac{1}{\sigma_0} = \frac{\mu_0}{\omega}|Z|^2 \tag{6.4}$$

となり，半無限一様導体の表面で電場と磁束密度の比が観測できれば，半無限一様導体の比抵抗を知ることができる。また，磁束密度と電場の位相差は，半無限一様導体の場合には (6.3) 式から 45 度になる。さらに，磁束密度と電場の実用単位として [nT] と [mV/km] をそれぞれ用いると，(6.4) 式は，

$$\rho_0 = \frac{T}{5}\left|\frac{E_x}{B_y}\right|^2 \tag{6.5}$$

と書き換えられる。ここで T は，電磁場変化の周期［秒］である。

§6-3　水平成層構造をなす導体系内の解析解

　§6-1 の半無限一様導体を，図 5-2〔右〕のような $N+1$ 層からなる導体系に拡張してみよう。ただし，最下層にあたる $N+1$ 番目の層は，やはり半無限一様導体であるとする。j 番目 $(1 \leqq j \leqq N+1)$ の層の電気伝導度と厚さを，それぞれ σ_j と d_j とおくと，j 番目の層の下面までの深さ z_j は，

$$z_j = \sum_{l=1}^{J} d_l \quad (1 \leqq j \leqq N) \tag{6.6}$$

で与えられる。ただし，地表面を z 軸の原点に取っているので $z_0 = 0$，また，$z_{N+1} \to +\infty$ とする。また各層内の電場 E_x に対する（C.13）式の解は，（C.16）式より

$$E_x = A_j e^{\alpha_j z} + B_j e^{-\alpha_j z} \quad (z_{j-1} \leqq z \leqq z_j) \tag{6.7}$$

となるが，E_x と直交する磁束密度の水平成分は，

$$B_y = \frac{1}{i\omega} \frac{\partial E_x}{\partial z} = -\frac{i\alpha_j}{\omega} \left(A_j e^{\alpha_j z} - B_j e^{-\alpha_j z} \right) \quad (z_{j-1} \leqq z \leqq z_j) \tag{6.8}$$

で表わされる。（C.17）式より α_j は，

$$\alpha_j = \sqrt{\frac{\omega \sigma_j \mu_0}{2}} (1 - i) = \frac{1 - i}{\delta_j} \tag{6.9}$$

である。また，各層内のスカラーインピーダンス Z_j は，

$$Z_j = \frac{E_x}{B_y} = \frac{i\omega}{\alpha_j} \frac{A_j e^{\alpha_j z} + B_j e^{-\alpha_j z}}{A_j e^{\alpha_j z} - B_j e^{-\alpha_j z}} \tag{6.10}$$

となる。容易に観測可能なのは地表面におけるインピーダンスだけであるから，

$$Z_1 = \frac{i\omega}{\alpha_1}\frac{A_1 + B_1}{A_1 - B_1} \tag{6.11}$$

を仮定した層構造を基に計算し，観測インピーダンスと比べることになる。α_1 はよいとしても，Z_1 を求めるには A_1 と B_1 を知る必要があるので，各層の境界面における電磁場接線成分の連続条件を再び用いる。$z = z_j$ における E_x の連続条件から

$$A_j e^{\alpha_j z_j} + B_j e^{-\alpha_j z_j} = A_{j+1}e^{\alpha_{j+1}z_j} + B_{j+1}e^{-\alpha_{j+1}z_j} \tag{6.12}$$

が，B_y の連続条件から

$$\alpha_j\left(A_j e^{\alpha_j z_j} - B_j e^{-\alpha_j z_j}\right) = \alpha_{j+1}\left(A_{j+1}e^{\alpha_{j+1}z_j} - B_{j+1}e^{-\alpha_{j+1}z_j}\right) \tag{6.13}$$

が出る。（6.12）と（6.13）式はさらに，

$$\begin{pmatrix} A_j \\ B_j \end{pmatrix} = \frac{1}{2\alpha_j}\begin{pmatrix} (\alpha_j + \alpha_{j+1})e^{-(\alpha_j - \alpha_{j+1})z_j} & (\alpha_j - \alpha_{j+1})e^{-(\alpha_j + \alpha_{j+1})z_j} \\ (\alpha_j - \alpha_{j+1})e^{(\alpha_j + \alpha_{j+1})z_j} & (\alpha_j + \alpha_{j+1})e^{(\alpha_j - \alpha_{j+1})z_j} \end{pmatrix}\begin{pmatrix} A_{j+1} \\ B_{j+1} \end{pmatrix} \tag{6.14}$$

のような漸化式にまとめられる。したがって，（6.11）式の A_1 と B_1 を求めるには，無限遠での境界条件から $(A_{N+1}, B_{N+1})^t$ を求め，（6.14）式の漸化式を利用して地表面まで境界条件をつないでゆけばよい。そうすれば，観測インピーダンスと比較すべき水平成層導体の理論インピーダンスを解析的に計算することができる。

　§5-4 と §6-1 でも議論したように，最下層の半無限一様導体中では B_{N+1} は零でなければならないし，また A_{N+1} を１としても一般性は失われない。$z \to +\infty$ で電磁場が発散することは今の場合物理的にあり得ないし，A_{N+1} が零でないどんな数であっても，理論インピーダンスの分母・分子に必ず約分できる共通因子として現れるからである。

　こうして求められる（6.11）式の表層インピーダンス Z_1 が，（4.6）式のMT 法スカラーインピーダンス Z に対応する。Z_1 の位相と，Z_1 から作られる比抵抗値

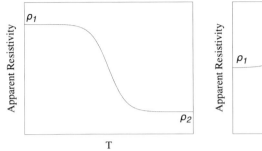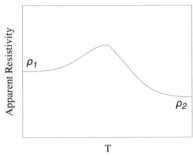

図 6-2　〔左〕二層構造の見掛け比抵抗曲線。〔右〕三層構造の見掛け比抵抗曲線。

$$\rho_a = \frac{T}{5}|Z_1|^2 \tag{6.15}$$

を使って，観測インピーダンスの周波数依存性を最も良く説明する水平成層構造を推定することになる。(6.15) 式の ρ_a を**見掛け比抵抗（Apparent Resistivity）** と呼ぶ。半無限一様導体の場合には，(6.4) 式の比抵抗は真の比抵抗値と一致したが，一般にはそうはならない。確かにインピーダンスの分母に当たる B_y は，地下に流れている全誘導電流量に対応するが，分子に当たる E_x は，観測可能な表層での値で代用しているに過ぎないからである。

　それでも，観測で見掛け比抵抗の周期依存性が分かれば，地下の電気的構造を定性的に推測することはできる。図 6-2〔左〕に二層構造の，図 6-2〔右〕に三層構造の見掛け比抵抗曲線を模式的に示す。見掛け比抵抗曲線は，短周期では浅い所の，長周期では深い所の構造を強く反映すると考えられるので，図 6-2〔左〕の場合は浅部に比抵抗の高い層が，深部に比抵抗の低い層が存在する，すなわち，$\rho_1 > \rho_2$ だと推定できる。図 6-2〔右〕の場合には，第三の層が浅部と深部の間に存在し，その比抵抗を ρ_3 とすれば，$\rho_3 > \rho_1 > \rho_2$ の大小関係があると予想できる。これを定量的に確認するには，観測インピーダンスから求めた見掛け比抵抗と位相が，(6.14) 式から求めた Z_1 の見掛け比抵抗と位相に最も合うような σ_j と d_j を，順問題あるいは逆問題の形に定

式化して求めればよい。

　この節で求めた電磁場の深さ依存性を用いて，第4章に出てきた地磁気地電流法と，地磁気鉛直勾配法の関係についても整理しておこう。

　水平成層構造の場合，地磁気鉛直勾配法の応答関数は，（4.5）式の K_{yy} だけになり，それは第一層の上面と下面における B_y の比

$$K_{yy} = \frac{A_1 e^{\alpha_1 z_1} - B_1 e^{-\alpha_1 z_1}}{A_1 - B_1} \tag{6.16}$$

で与えられる。例えば観測では，海面と海底の B_y の比を用いて K_{yy} を求めることになる。（6.16）式を（6.11）式と連立させて A_1, B_1 を消去すると，

$$K_{yy} = \frac{1}{2}\left(e^{\alpha_1 z_1} + e^{-\alpha_1 z_1} + i\alpha_1 Z_1 \frac{e^{\alpha_1 z_1} - e^{-\alpha_1 z_1}}{\omega} \right) \tag{6.17}$$

という変換式が得られる。つまり，一次元の場合には，地磁気地電流法と地磁気鉛直勾配法は等価になる。Z_1 が次元を持つのに対して，K_{yy} は無次元数であるのに K_{yy} から Z_1 が求められるのは，第一層である海洋の電気伝導度 σ_1 と厚さ d_1（水深）を既知しているので，海水中の電磁波数 α_1 が定まるからである。こういった場合には，電場の観測なしに磁場の観測だけから，地磁気地電流法と同等の応答関数を求めることができる。

§6-4　非一様薄層導体近似

　ここで，§6-3 の水平成層導体の最上部に，非常に薄くて横方向に電気伝導度 $\sigma(x, y)$ が変化する導体（**非一様薄層導体**）を付け加えてみよう。

　こうした導体系は，地球表層に存在する強い電気伝導度コントラスト（海陸分布）の非常に良い近似を与えるだけでなく，「非一様薄層導体」の考え方そのものが，磁気圏夜側に存在しているプラズマシートや電離層内外の電磁場を取り扱う際に役立つ。

　表層に非一様薄層導体を付け加えた電磁誘導問題は，導体系に印加された外部磁場時間変化が空間的に一様であっても，表層の構造が非一様であるた

め必然的に三次元の問題になる。すなわち，§6-3では存在しなかった薄層の下面を出入りするポロイダルな電流が現れると共に，薄層内には水平電流の横方向の勾配（水平シアー）が存在するため，磁場の鉛直成分も発生する。§6-3までは電場も磁場も互いに直交する水平成分しか登場しなかったのと比べると，大きな違いである。

　ただし，一見複雑そうな三次元計算も，「表面に貼りつけた非一様導体が薄い」ことを考慮すると，薄層内での鉛直積分が先に実行でき，計算を簡単化できる。今の場合，§5-2で述べた「電気伝導度境界における磁場の連続条件」

　　① 　磁場はどの成分も連続

ではなく，

　　①′ 　薄層の上面と下面で磁場接線成分は異なり，その食い違い量は薄層内を流れる電流量で決まる

が新たな境界条件となる（例えば，Price, 1949）。
　①′を式で書くと，

$$\vec{B}_{\parallel}^{+} - \vec{B}_{\parallel}^{-} = \sigma(x,y)d_0\mu_0\vec{E}_{\parallel}(x,y) = \mu_0\tau(x,y)\vec{E}_{\parallel}(x,y) \qquad (6.18)$$

になる。ここに，添え字の + は薄層下面での，− は上面での値を，∥ は接線成分をそれぞれ表わしている。d_0 は薄層の厚さである。薄層が十分薄く電気伝導度は横方向にしか変わらないため，電気伝導度の鉛直積分で与えられる薄層内の**コンダクタンス** τ は，

$$\tau \equiv \int \sigma dz = \sigma(x,y)d_0 \qquad (6.19)$$

と表わせる。
　（6.18）式は，「電磁気的に層が薄い」とは，「層内で電場の接線成分が法

線方向には変化しない」のと同義である，と主張している。言わばこれが「**非一様薄層導体近似**」の本質である。(6.18) 式はまた，薄層導体の上面と下面で磁場の接線成分が不連続になり得ることを意味し，それが §5-2 で「磁場接線成分の連続性には例外がある」と述べた理由にもなっている。地磁気永年変化を使って外核表面流を求める際，(3.2) 式で磁場の動径方向成分だけに着目したのも，磁場接線成分の連続性が核マントル境界では必ずしも保証されないからである。

　薄層近似が成り立つ条件（**薄層条件**）は，導体系の電気伝導度に強く依存する（例えば，Agarwal and Weaver, 1989）。非一様薄層導体内の最大電気伝導度 σ_{max} に対応する表皮深度 δ_{max} よりも薄層の厚さ d_0 が十分小さければ，すなわち

$$\delta_{max} = \sqrt{\frac{2}{\omega \sigma_{max} \mu_0}} \gg d_0 \qquad (6.20)$$

が成り立てば，薄層条件を充たすと考えてよい。したがって，例えば地球の海洋（あるいは海陸分布）を薄層で近似するには，$d_0 = 10km$, $\sigma_{max} = 4S/m$ として，$\omega \ll 4 \times 10^{-3} s^{-1}$，すなわち，周期が少なくとも 30 分より長い電磁場変化を用いる必要がある。d_0 に全海洋の平均水深約 3800m を用いると，周期 5 分以上であれば薄層近似が成り立つことになるが，日本周辺のように世界でも有数の深い海溝を含む地域では $d_0 = 10km$ とした方が，より適切であると考えられる。

　本節のような水平成層構造に非一様導体を加えた電磁誘導問題は，積分方程式を用いれば解けることが知られており（Raiche, 1974; Weidelt, 1975），その積分核は**グリーン関数**で与えられる。本節の問題の場合には，薄層内の水平電場 $\vec{E}_\parallel(x, y)$ に関する積分方程式を導いて $\vec{E}_\parallel(x, y)$ を求め，それを使って薄層上面と下面における鉛直電場と磁場三成分を計算することになる。この時，$\vec{E}_\parallel(x, y)$ に関する積分方程式のグリーン関数 $G(x, y; x', y')$ は，(x', y') の位置にある水平電場が (x, y) の位置にどれだけの水平電場を作るかを示す関数になる。このようにグリーン関数は，その物理系の骨格を表わし，具

体的には $\vec{s}$ の位置に置いた単位強さのソースが $\vec{r}$ の位置にどれだけの作用を及ぼすかを示している。

　本節の問題を解くのに必要なグリーン関数の重要な性質の一つに「ソースと作用点の位置を入れ替えても，グリーン関数の値は変わらない」がある。式で表わせば，

$$G(\vec{r}; \vec{s}) = G(\vec{s}; \vec{r}) \qquad (6.21)$$

となる。このことを，**相反性**（reciprocity）と言う。今考えている問題では，$\vec{r}$ と $\vec{s}$ を入れ替えただけでは異なる電磁気的な作用は現れないため，相反性が成り立つ。本節の問題は，積分方程式に帰着させて対応するグリーン関数を求めることが問題を解くことに他ならないが，（6.21）式を利用すれば，求めるべきグリーン関数の数を大幅に減らせるという利点がある。なお，（6.21）式で G をスカラーであるかのように表記したが，G は一般にはテンソルになることに注意されたい。

　求めるグリーン関数の形は境界条件に依る，つまり，元となる積分方程式をどのような境界条件の下で解くかによってグリーン関数は変わってくる。本節の問題では，$-z$ 方向はどんな外部磁場一様擾乱を与えるかで決まり，$+z$ 方向は無限遠で誘導場が零になるとするのが一般的である（自然境界条件）。本節の問題に特有な境界条件があるとすれば，横方向の無限遠で薄層内の電気伝導度をどう考えるかである。Vasseur and Weidelt（1977）は，$x,$ $y \to \pm\infty$ で σ が定数というディリクレ型の境界条件を課している。外部磁場が一様で σ が定数であれば，求めるべき水平電場も無限遠で定数になるからである。これに対し，Dawson and Weaver（1979）や McKirdy, Weaver and Dawson（1985）は，$x, y \to \pm\infty$ で $\frac{\partial \sigma}{\partial x}, \frac{\partial \sigma}{\partial y}$ が零というノイマン型の境界条件を課した。どちらの境界条件も一長一短があるが，日本のように大陸の東縁に位置する島弧海溝系では，対象となる調査域からかなり離れた場所でも強い横方向の電気伝導度コントラストが存在するので，ノイマン型の方が実情に合っているかもしれない。また，本節の問題を第三境界値問題として解いた例はまだない。

問 1　(6.4) 式が (6.5) 式のように書き換えられることを示しなさい。

問 2　水平成層構造をなす導体系において，各層の境界面における電磁場接線成分の連続条件を用いて (6.12) および (6.13) 式を導きなさい。

問 3　(6.17) の変換式を導出し，一次元の場合には，地磁気地電流法と地磁気鉛直勾配法が等価になることを示しなさい。

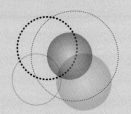

第7章
惑星や衛星内部の電気伝導度

　本書では，第4章で外部磁場を含む地球磁場の時間変化を論じた。続く二つの章で，外部磁場時間変化に対する球対称導体と水平成層導体内の電磁誘導について解説した。この章では，外部磁場時間変化を用いて推定した地球を含む惑星とその衛星内部の電気的構造について，主に筆者の経験に基づきまとめてみる。

　最初に，地球内部の電気伝導度構造に関するレビューを行ない，その応用としての地震断層および火山周辺での電磁探査例を紹介する。残りの節では，惑星と衛星の内部を磁場を使って覗いた例をいくつか挙げる。近年，固有磁場を持つ惑星とその衛星に周回機が投入されるようになり，実データに基づいてそれらの電気的構造を定量的に推定できるようになってきた。中でも，外惑星の**氷衛星**，すなわち，土星のエンケラドス，木星のエウロパ・ガニメデ・カリストなどは，その氷の表面下に高電気伝導度の**内部海**を湛えている可能性が，電磁誘導の研究からも指摘されている。液体の水の存在は**地球外生命**にとっては必須の条件であるため，この点においても惑星電磁気学は重要な研究分野となっている。また，惑星や衛星内部の電気的構造を求める際，第5章で導いた同心導体球の解析解は重要な手がかりになる。

§7-1　地球深部の電気伝導度

　図7-1に，海底における電磁場の長期観測から得られた，地球内部の一次元電気伝導度構造を，図7-2に図7-1の基となったデータを記録した海底長期電磁場観測装置（SeaFloor ElectroMagnetic Station: SFEMS）をそれぞれ示す。

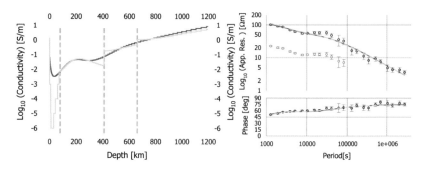

図 7-1 〔左〕北西太平洋海盆の海底長期電磁場観測点 NWP 下の一次元電気伝導度構造。〔右〕左の一次元構造の海底観測データに対するフィット。色線の違いは本文参照。左右どちらの図も，本林（2007）による。

図 7-2 〔左〕船上から投入される SFEMS。海洋研究開発機構の研究船「かいれい」にて撮影。〔右〕水深約 5600m の海底に設置された SFEMS。海洋研究開発機構の潜水船「かいこう」により撮影。

　海底は，海洋が地球上最大の熱溜であることから，温度変化が非常に小さく，長期的な地球物理観測にとっては最適な場所の一つである。図 7-1〔右〕に示した MT 法および GDS 法の周波数応答は，北西太平洋海盆における約 3 年間の海底電磁場連続観測（Toh et al., 2004; 2006a; 2011; 2015）により得られたものである。温度が安定した場所での長期観測が可能になれば，この図に示すように，非常に長周期（〜 30 日）まで導体地球の周波数応答を観測から求めることができる。また，北西太平洋海盆は，世界で最も古い

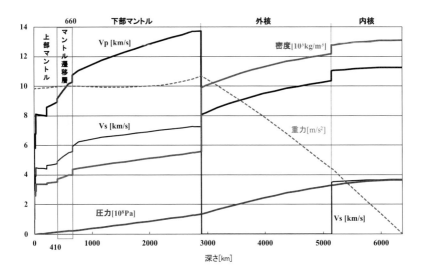

図7-3　地球内部の一次元標準モデル PREM。Dziewonski and Anderson（1981）による。

海底の一つであり，薄い海洋地殻の下の分厚いが絶縁的な**海洋リソスフェア**が，地球深部を磁場で覗くのに適した「窓」を提供してくれている場所でもある。さらに，海陸境界からも遠く離れ，表層不均質の影響を受けにくい場所でもあるため，一次元構造解析にも適している。

　図7-3 に，地球内部の一次元標準モデル PREM（Preliminary Reference Earth Model; Dziewonski and Anderson, 1981）を示す。このモデルには電気伝導度は含まれていないが，地球が浅い方から上部マントル・**マントル遷移層・下部マントル・外核・内核**の各領域からなり，上部マントルからマントル遷移層にかけては，構造不均質に伴う地震波速度や密度の変化が顕著であることが分かる。下部マントルは比較的一様で，次の大きな構造変化は深さ約 3000 キロ（2890km）にある核マントル境界で現れる。

　核マントル境界は，金属地球と岩石地球との組成境界であり，地震波速度と密度が大きく変化する。組成変化に伴い地球内部の重力加速度も変化し始め，核マントル境界で最大値を取る一方，核内では中心に向かって直線的に

減少する。圧力は，地球内部で連続である。地震の横波は，外核が液体であるため核マントル境界でいったん消失するが，固体の内核では再び現れる。地球中心核の密度は一様ではなく，外核と内核の固液境界には密度不連続が存在する。

　図 7-1〔左〕の電気伝導度プロファイルは，深さが高々 1200km までであるから，岩石地球上部の電気伝導度構造に対応している。赤線は，隣接する電気伝導度の第二階差の和が最小になるように（電気伝導度が深さ方向にできるだけ滑らかに変わるように）制約をかけた場合のモデルであり，空色は深さ 80，410 および 660km でその制約を外した場合の最適モデルである。どちらのモデルも観測データを同程度に良く説明することが図 7-1〔右〕から分かる。電気伝導度の不連続を許した深さは，前者は海洋プレートの冷却モデルから，後二者は図 7-3 に顕著に見られるマントル遷移層上面および下面の地震波速度不連続との対応から決定した。PREM を構造不連続の先験情報として用いるのは妥当性が高いと考えられるので，以下では空色のモデルについて解釈してみよう。

　観測点は古い海底に置かれているので，深さ 100km 弱までは発達した低温の海洋プレートに対応する極めて絶縁的なマントルであると考えられる。観測値は約六桁の電気伝導度の低下を許すことを示しているが，この低い電気伝導度は海洋マントルのこの部分が融けておらず，また，「水」も含んでいなければ十分説明可能である。

　一般に岩石は「半導体」であるから，その電気伝導度は温度の強い関数であり，高温で高い電気伝導度を示すが，圧力依存性は，後述する**相転移**による効果を除き，ほとんど存在しない。その一方で，導体である金属では，温度が上がると原子の格子振動が大きくなり，電気抵抗は増大する。温度以外に岩石の電気伝導度を大きく左右する要因として，組成と相転移の二つが挙げられる。高電気伝導度の物質を含むと，組成変化により岩石の電気伝導度が大きく変わる場合がある。よく知られている例は，地殻深度での炭素（グラファイト）と全深度での水の存在である。ただし，組成変化により岩石の電気伝導度がどう変わるかは，高電気伝導度物質の電気伝導度の値だけでなく，その含有量やつながり具合に強く依存するので一概には言えない。また，

微量成分としての水は，造岩鉱物の融点を著しく低下させ，相転移の一つで
あるマントル物質の融解を促進するなどして，造岩鉱物の電気伝導度に大き
な影響を与えることが知られている（Aubaud et al., 2004; Hirschmann,
2006）。したがって，水の存在と地球内部の電気伝導度の関係も複雑である。
図 7-1〔左〕では，絶縁的な海洋リソスフェアの下に 0.05 S/m 程度の高電
気伝導度ピークが見られる。このピークは，北西太平洋に限らず他の海洋マ
ントルにも存在（例えば，Lizarralde et al., 1995）する普遍的なものと考
えられている。しかし，このピークが（1）マントルの部分溶融によるものか，
（2）水の存在によるものか，あるいは，（3）その組み合わせによるものか，
についてははっきりした決着がついていない（Hirth and Kohlstedt, 1996;
Karato and Jung, 1998）。

　地球内部の岩石の相転移には，上で述べた物質の状態変化（融けているか
いないか）に加え，造岩鉱物の結晶構造の不連続変化がある。

　地球内部物質の高温高圧実験によると，上部マントルの主要構成鉱物であ
るオリビンは深さ約 410km に相当する圧力でウォズリアイト（変形スピネ
ル）へ不連続に相転移し，さらに深さ約 660km に相当する圧力でリングウッ
ダイト（スピネル）が下部マントルの主要鉱物であるペロブスカイトに相転
移する。これらの鉱物の結晶は，相転移を重ねるごとに最密充填構造へと転
位し密度を増してゆく。これに伴い，電気伝導度も不連続に変化する。一般
に岩石の電気伝導度は顕著な圧力依存性を示さないが，これらの相転移深度
では例外的に圧力の効果により電気伝導度が大きく変化すると言ってもよい。
ただし，マントル遷移層の主要構成鉱物であるウォズリアイトもリングウッ
ダイトも，多量の水を貯蔵する能力があることが明らかになり（例えば，
Inoue et al., 1995），水による電気伝導度の上昇効果も同時に考慮しなけれ
ばならない。また水に加えて鉄も，この深度の電気伝導度に影響を与えるこ
とが知られている。

　図 7-1〔左〕では，マントル遷移層を挟んだ電気伝導度不連続は，深さ
410km で約 1 桁（~0.02 S/m → ~0.2 S/m），深さ 660km で約 2 倍（~0.5
S/m → ~1 S/m）である。ただし，図 7-4 に示す一次元構造モデルの感度
検定結果によれば，660km での 2 倍増加と比較すると，410km での電気

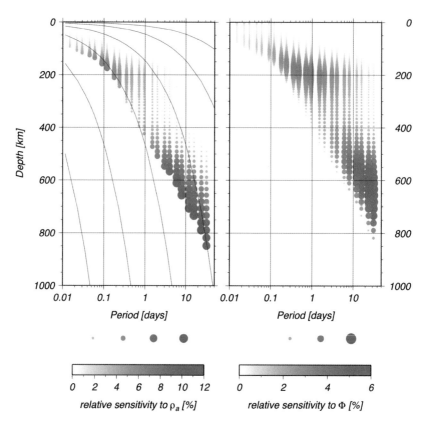

図 7-4　図 7-1〔右〕のデータが，どの深さの構造に感度を持つかを検定した結果。
〔左〕見掛け比抵抗値の感度分布。六本の曲線は，左下から右上にかけて電
気伝導度 σ が $10^{-3}\!\sim\!10^{2}$ S/m の場合の各周期における表皮深度を示す。
〔右〕位相の感度分布。図 7-1 と同じく，本林（2007）による。

伝導度不連続量は過大評価されている可能性がある。これは，深さ 200km
付近の高電気伝導度ピークのシールド効果で，深さ 410km 前後の構造に対
する観測データの感度が低いためである。また，この感度分布を見ると，深
さ 200km 付近の電気伝導度ピークはデータによって非常によく制約されて
いるのに対し，絶縁的な海洋リソスフェアの電気伝導度はまだ変わり得るこ
とも分かる。

102

　なお，図 7-4 の感度分布は，一次元インバージョンに用いたコード
（Constable et al., 1987）がインバージョンの過程で使用するヤコビアンの
絶対値を，振幅（見掛け比抵抗）と位相それぞれについて規格化し，各周期
の観測応答が全感度に占める割合を百分率で示してある。また，このデータ
の最大探査深度は，インバージョン実施前に行なったデータの一次元性に関
する検定（ρ^+ テスト：Parker and Booker, 1996）では，約 1200km と推
定された。しかし，図 7-4 の感度分布を見る限り，このデータにそこまで
の解像力はなく，深さ 850km 程度までを信頼限界とすべきであろう。ただし，
この深さでも，探査深度は下部マントルに十分達している。

　ここまで見てきたように，各深度における高電気伝導度は，さまざまな要
因が相互に関係して実現しており，その解釈は一意でない。しかし，だから
こそ図 7-1〔左〕のような電気伝導度プロファイルは，観測事実として非常
に重要である。解釈の自由度を狭めてゆくには，地球科学の中でも多分野間
あるいは学際共同が必須である。地震学をはじめとする他の固体地球物理学
分野と地球電磁気学との共同で，地球マントルの謎解きを今後もやってゆく
必要があるだろう。

　図 7-4 で分かる通り，地球外部起源の磁場時間変化を使う限り，核の電
気伝導度を知ることは非常に難しい。上部マントルまでの電気伝導度を無視
したとしても，周期 230 日以上の極めてゆっくりした電磁場変化を使用し
ないとマントル底部にも到達できないからである。したがって，核の電気伝
導度は，主に高温・高圧の室内実験や理論計算によって研究されている。

　これまで地球の核の電気伝導度は，地球中心核の温度・圧力より低い条件
と衝撃波を組み合わせた実験結果から，$2 \sim 5 \times 10^5$ S/m と推定されてき
た（例えば，Stacey and Anderson, 2001）。しかし近年，高温高圧下の電
気物性を第一原理に基づいて理論計算した所，従来考えられていた電気伝導
度より 1 桁高い結果（Pozzo et al., 2012）と，従来のままでよい（Zhang,
Cohen and Haule, 2015）という相反する結果が得られ，Nature 誌を舞台
に論争が行われた。理論の食い違いは実験によって確かめればよいので，地
球中心核の条件を充たした室内実験（Ohta et al., 2016）により，鉄の電気
伝導度は約 2.5×10^6 S/m とやはり 1 桁高いのではないか，という結果が

得られている。この論争がこのまま決着するのかどうかは，その後の複数の室内実験による検証を待たなければならないが，地球中心核の電気伝導度はこれまでの推定値より本当はかなり高いのかもしれない。

　核の電気伝導度が1桁高くなると，何が問題なのだろうか？　金属では電流も熱流もその担い手は自由電子であるため，電気伝導度と熱伝導率は同じ温度では比例関係がある。この関係を**ヴィーデマン・フランツ則**（Franz and Wiedemann, 1853）と呼ぶが，この比例関係が地球の外核でも成り立っているとすれば，熱伝導率の見積もりも1桁上げる必要が出てくる。そうすると，核内部からマントルへの熱輸送は熱対流ではなく熱伝導で十分ではないか，ということになる。ところが，地球が数十億年にわたって流体核で固有磁場を作り続けている可能性も非常に高い。つまり，流体核内の運動は一体何によって支えられているのか，という新たな問題が発生する。地球史の初期はさておき，現在では熱対流より組成対流の方が支配的になっていると考えれば，1桁高い地球中心核の電気伝導度が現在の地磁気ダイナモに与える影響は限定的なのかもしれない。それでも，過去の地磁気ダイナモを何が支えていたのか，という問題は依然残る。さらに，外核と内核の電気伝導度はほぼ同じと考えてよいので，内核の熱伝導率も1桁高いとすれば，内核が誕生したのは数十億年前ではなく数億年前である，ということになる。したがって，地球中心核の高電気伝導度問題は，地磁気ダイナモだけでなく内核の成長という観点からも，今後その推移を注視する必要がある。ただし，第4章で取り扱った導体地球の過渡応答問題では，地球中心核の電気伝導度が 10^5 S/m であっても 10^6 S/m であっても，完全導体球とみなして差し支えない。

§7-2　地震／火山と電気伝導度

　日本列島は，西太平洋に多く見られる**島弧海溝系**の一つである。海洋プレートの沈み込みに伴って地震／火山活動が誘発され，火山活動によって新たに形成された陸地の後背地が拡大して，島弧と縁海が形作られる島弧海溝系は，世界的に見ても西太平洋域に集中している。西太平洋以外では，カリブ海や

地中海と南大西洋の南極圏にその一部が見られる程度である。この意味では,現在のマントル内には,ユーラシア大陸の下に一つの大きな下降流が形成され,その補償流として南太平洋と東アフリカに上昇流が存在していると考えてよい。東アフリカのマントル上昇流は現在アフリカ大陸を東西に割りつつあり,この地殻変動によってそれまで熱帯雨林であった地域が隆起しサバンナに置き換わったことが,二足歩行する人類の誕生につながったとされている。また,ユーラシア大陸は,いずれ新たな超大陸へ成長するとも予想されている。

　島弧海溝系としての日本列島は,冷たい太平洋プレートが高速で沈み込む東北日本弧と,温かいフィリピン海プレートがゆっくり沈み込む西南日本弧の二つに大別できる。東北日本弧は,日本海側から太平洋岸までの最大幅が200km に達する成熟した島弧であるが,沈み込む海洋プレート（**スラブ**）の年代や温度構造が,それぞれの島弧の火成活動に大きな影響を与える可能性が指摘されている（例えば,Iwamori, 1998）。

　沈み込み帯は,地表に存在する物質のマントルへの注入口,と位置づけられる。注入される地表物質の中で,マントルのダイナミクスに最も大きな影響を与え得る物質の一つに「水」がある。前節でも論じた通り,マントル内の水は,粘性を低下させ,電気伝導度を上昇させる。したがって,高電気伝導度域の存在は,注入された水や低粘性域のマーカーとして機能する。また水は,地球化学的にはマントルの溶融を誘発し,島弧マグマや**スラブ由来流体**あるいは**地殻流体**といった島弧下に存在する流体の生成やその賦存量を左右する。そして,沈み込む海洋プレートの温度は,沈み込み帯から持ち込まれる水がどの深さまで達するかに大きく関わると考えられる。

　図 7-5 は,東北日本の背弧域を東西に横切る測線で,広域電磁場観測を行なった結果を示している。岩森らの予想が正しければ,冷たく速い太平洋プレートは,東北日本背弧深部でスラブ脱水を起こし,高電気伝導度を示すはずである。図 7-5〔右〕の二次元電気伝導度断面は,佐渡海嶺（T05 点付近）下と大和海盆（T02 点付近）下で二つの深部高電気伝導度域を分解しているが,Toh et al.（2006b）では,この東西測線から得られた地磁気地電流法の周波数応答が,どちらの高電気伝導度域により強い制約を与えてい

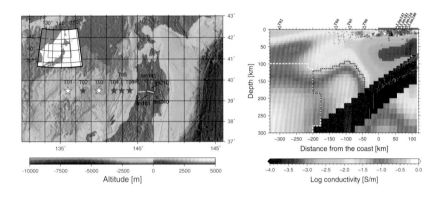

図 7-5 〔左〕東北日本弧と電磁気測線。〔右〕測線下の二次元電気伝導度断面。いずれも，Toh et al.（2006b）による。

るかを，**F テスト**を用いて統計的に検定している。その結果，佐渡海嶺下深さ 150 〜 200km に存在する高電気伝導度域の方が，よりデータに要求されて決まっていることが分かった。

　東北日本背弧深部で見つかったこの高電気伝導度域は，恐らく**蛇紋岩**によるものであろうと推定されている。蛇紋石は上部マントルの主要構成鉱物であるカンラン石の加水反応でできる含水鉱物であるが，低圧で脱水分解するリザーダイト・クリソタイルと高圧まで脱水分解しないアンチゴライトに大別される。東北日本背弧の深部高電気伝導度域は，アンチゴライトの脱水反応に対応するものであろうと解釈されている。すなわち，東北日本背弧で得られたこの結果は，冷たく速い沈み込み帯においては，表層水が蛇紋岩の形で背弧深部まで輸送され得ることを示唆している。

　図 7-5〔左〕のような広域電磁探査は，火山群の地域性を明らかにするのにも有用だが，個々の火山の噴火予測は，もっと局所的で，かつ，複数回の繰り返し観測によるモニタリングの方が適している。ある地点で安定した周波数応答を長周期まで得るためには，太陽活動の極大期でも数週間程度の，極小期には数ヶ月程度の電磁場連続観測が求められる。したがって，時間分解能を高めた火山のモニタリングには，自然電流源ではなく**制御電流源**によ

る時間領域観測が適していると言える。

　Minami et al.（2018）は，阿蘇中岳の北西数百 m に位置する制御電流源から矩形波を送信し，その過渡応答としての磁場鉛直成分を阿蘇中岳近傍に設けた四つの磁場観測点で受信するという実験を，2014 年 5 月から翌2015 年 8 月まで 3 ヶ月おきに行なった。この期間中の 2014 年 11 月から2015 年 5 月にかけては，およそ 20 年ぶりとなるマグマを伴う噴火活動が起こった。南らは，これらの繰り返し時間領域観測により，噴火活動に伴う有意な電気伝導度の変化を捉えることに成功している。2014 年の御嶽山噴火以降，各火山で磁場を含むモニタリング観測の強化が図られてはいるが，ここで取り上げたような「制御電流源を用いた電気伝導度の時間変化検出」の重要性は，今後より一層増してゆくものと考えられる。

　地震に関しては，主に**活断層**周辺での電磁場観測が活発に行われている（例えば，Goto et al., 2005）。Usui et al.（2021）は，新潟—神戸 歪 集中帯に位置する跡津川断層系について，これまでに得られた地磁気地電流法データをまとめ，地殻深度から深さ 200km までの二次元電気伝導度断面を求めている。その結果，**下部地殻**に三つ，マントル深度に一つ高電気伝導度域を同定している。下部地殻の高電気伝導度域は互いによく連結した地殻流体によるものと，またマントル深度の高電気伝導度域はスラブ由来流体によるものと解釈されている。いずれの場合も，地殻・マントルに存在する「水」が鍵となる役割を果たしている可能性が高い。下部地殻の地殻流体が結合度を高める要因として，この地域に集中している歪を著者らは挙げている。すなわち，このような歪集中帯では下部地殻で連続した変形が起き，その結果流体の結びつきが強まると考えられる。

　以上のように地殻およびマントル深度の電気伝導度は，主に「水」を介して地震／火山活動と密接に関連している，というのが最近の理解である。日本を含む西太平洋域には，この節で取り上げた研究以外にも多くの電磁場観測結果が報告されている。それらについては，例えば Ichiki et al.（2009）によくまとめられているので，こうしたレビュー論文も是非参照されたい。

表 7-1　水星核半径の推定値

水星核半径 [km]	文献	関連分野
2011±180	Katsura et al.（2021）	惑星電磁気学
2060±22	Wardinski et al.（2019）	惑星電磁気学
1985±39	Genova et al.（2019）	宇宙化学
1980±80	Johnson et al.（2016）	惑星電磁気学
2004±39	Rivoldini and Van Hoolst（2013）	宇宙測地学
2020±30	Hauck II et al.（2013）	宇宙測地学
2000±420	Harder and Schubert（2001）	宇宙化学

Katsura et al.（2021）による。

§**7-3**　水星の核

　水星の半径は約 2440km で，外惑星の衛星であるガニメデやタイタンよりも小さいが，密度は約 5.4×10^3kg/m^3 と外惑星衛星の数倍はあり，地球と比べても遜色ない。この高い密度は，水星半径の 80% を超える大きな金属核によって支えられている。

　水星の直接観測は，長い間 Mariner 10 号による三度のフライバイ（1974 〜 1975 年）に限られて来たが，MESSENGER（MErcury Surface, Space ENvironment, GEochemistry and Ranging）探査機が，2011 〜 2015 年にかけ史上初めて周回機として水星極軌道に投入され，さまざまな知見をもたらした。

　表 7-1 に，これまでに得られている水星核半径の推定値をまとめた。化学組成を仮定した計算値や，自転／公転情報とそれに基づく密度から測地学的方法で求めた推定値に加え，最近では電磁誘導を用いた核半径の決定例が増えている。MESSENGER 探査機が，良質なベクトル磁場データを極軌道上で取得し続けた成果の現れであろう。

　Katsura et al.（2021）は，MESSENGER のベクトル磁場データを用いて

磁気圏界面通過点を求め，それらに磁気圏界面形状モデルを当てはめることにより，水星中心から磁気圏界面までの最短距離（Rss）を時間の関数として決定した。この時系列を最大エントロピー法で周波数解析することにより，卓越周期が 1 水星年（約 88 地球日）とその第一高調波であることを明らかにした。地球では回帰性磁気嵐が観測されることから，太陽の自転に関わる水星との**会合周期**（約 39.5 地球日）が水星でも卓越周期として現れるであろうと当初予想していたが，それに対応するピークは Rss のパワースペクトルには見い出せなかった。水星公転軌道の離心率は約 0.21 と太陽系の惑星の中で最大であり，近日点が約 0.31 天文単位，遠日点が 約 0.47 天文単位と太陽との距離が大きく変化する。したがって，水星が感じる太陽風の強弱は，太陽面の不均質ではなく太陽・水星間の距離変化に強く依存すると考えられる。

　さらに Katsura et al.（2021）は，極軌道上のベクトル磁場データを 1 日ごとに球面調和関数展開し，内外ガウス係数の時系列を 16 水星年分求めた。これらの時系列から卓越周期である年周変化を取り出し，その内外比を用いて水星核半径を見積もった。その結果は，表 7-1 にある通り，水星の核半径が約 2000km であることを示しており，この結果は他の手法を用いて推定された値とも整合する。

§**7-4**　**月の表層**

　天体表層の電磁探査は，レーダーを用いると効率的に行なうことができる。最初にレーダーを地球外の天体に向けたのは，アポロ 17 号の司令船に搭載された ALSE（Apollo Lunar Sounder Experiment）であった（例えば，Phillips et al., 1973）。こうした試みは，その後火星のレーダー探査（MARSIS: Mars Advanced Radar for Subsurface and Ionospheric Sounding; Picardi et al., 2005）などへと発展を遂げ，現在では天体表面に着陸させた探査車に，小型の**地中レーダー**（GPR: Ground Penetrating Radar）を搭載して，天体内部の電磁探査を行なっている例も出てきている。ただし，金星は厚い大気に覆われているので，惑星表面下のレーダー探査ではなく，合成開口レーダー

を用いた金星表面地形の精査や，気象レーダーによる金星大気の研究が主に行われている。

　日本では，「かぐや」に搭載された月探査レーダー（LRS: Lunar Radar Sounder; Ono et al., 2008）が月面をくまなく探査し，月の表側に分布している海で地下反射面を幾つも同定している（Ono et al., 2009）。ただし，これまでの天体レーダーの結果の多くは，天体表面下の誘電率を真空中のそれに置き換えた見掛け深度を用いて解釈されている。これに対し Hongo et al.（2020）は，LRS の月面および月面下反射エコー強度とルナ・プロスペクターが観測したガンマ線と中性子の分光データから得られた鉄およびチタンの月面分布（Lawrence et al., 2002）を併用し，月の石の室内実験結果（Shkuratov and Bondarenko, 2001; Olhoeft and Strangway, 1975）から分かっている「**誘電正接**や密度と月面の金属含有率の相関」および「誘電率と密度との相関」などを組み合わせて，月面下反射面までの誘電率と電気伝導度に加えて反射面下の誘電率を同時に推定する方法を考案した。これにより，「見掛け深度の真の深さへの変換」と「月最上層部の電気伝導度の同時推定」を可能にしている。

　Hongo et al.（2020）によれば，月の表側の四つの海，「雨の海」・「嵐の大洋」・「危難の海」・「晴れの海」での反射面までの真の深さは 140〜260m であり，前二者で比較的深く後二者で浅い，という結果が得られている。また，反射面までの電気伝導度は，10^{-5} S/m のオーダーであると推定されている。こうした月表層物性の値やその地域性は，月の起源やその後の進化過程を考える上で重要な基礎資料となる。

　なお，地中レーダーの基礎や，LRS で用いられた周波数変調レーダーについては，付録 I に要約しておいた。レーダーに興味が湧いた読者は，是非そちらも参照されたい。

§7-5　外惑星氷衛星の内部海

　木星の衛星は，現在では 70 個以上確認されているが，半径の大きい方から四つ並べると，ガニメデ・カリスト・イオ・エウロパの順になる。この四

衛星は，1610 年にガリレオ（Galileo Galilei, 1564 〜 1642）が，当時発明されたばかりでまだ暗かった望遠鏡を用いて発見（Galilei, 1610）したので，四つまとめて**ガリレオ衛星**と呼ばれている。ガリレオは，この四衛星の木星周りの公転運動を克明にスケッチしており，このガリレオ衛星とその公転の発見が，その後ガリレオが地動説へ傾倒していった理由の一つになったのは恐らく間違いない。

　ガリレオ衛星の内，イオは最も木星に近い軌道を取っており，木星の巨大な潮汐力による強い変形を常に受けている。それがイオの顕著な火山活動の原因となり，また，イオを木星磁気圏プラズマの主要供給源の一つにしている。さらに，ガリレオ衛星の内側三つ，すなわち，イオ・エウロパ・ガニメデは，公転周期が 1:2:4 の**ラプラス軌道共鳴**状態にあり，このこともこれらの衛星が感じる潮汐力を強める要因になっている。

　イオを除く残り三つのガリレオ衛星の表面は氷で覆われており，氷衛星と呼ばれている。外惑星以遠にはこのような氷天体が数多く存在し，土星の小さな衛星エンケラドスもその一つである。氷衛星には，その内部に液体の水，すなわち，内部海が存在すると考えられているものがいくつかある。南極から水蒸気ジェットが噴出していることが確認（Porco et al., 2006）されているエンケラドスもそうだが，ガリレオ衛星では，エウロパ・ガニメデ・カリストの三氷衛星のいずれもが内部海を持つとされている。

　その理由の一つは，氷表面の更新である。エウロパとガニメデの表面画像には，内部から水が噴き出し新たな氷表面が作られたと考えられる長波長の縞模様や多数の筋が確認できる。また，隕石痕もガニメデには多少見られるが，エウロパには数えるほどしか存在しない。さらに，エウロパの公転方向半球をハワイのケック天文台から観測したところ，エンケラドスと同様の水蒸気噴出が最近発見（Paganini et al., 2020）されている。こうしたことから，エウロパでは内部海の存在が確実視されている。

　ガリレオ衛星の内部は，惑星電磁気学では電磁誘導を用いて調べられる。Khurana et al.（1998）は，Galileo 探査機によるエウロパおよびカリストのフライバイデータを解析し，内部海に流れている誘導電流は木星による予想背景磁場からの摂動として現れることを指摘した。Zimmer et al.（2000）

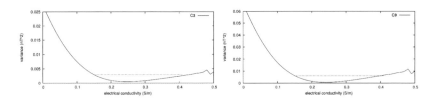

図7-6　カリスト内部海の電気伝導度。〔左〕C3 フライバイデータへの当てはめ結果。〔右〕同じく C9 フライバイの結果。

は，Khurana らの発見を基に球殻モデルによる解析を進め，エウロパでは深さ 200km 以浅に 0.06 S/m の，カリストでは深さ 300km 以浅に 0.02 S/m の内部海が存在することを示唆している。

　このように，氷表面の更新が確認されていないカリストでも内部海が存在する可能性が指摘されているが，その熱源についてはまだよく分かっていない。先に述べた通り，イオ・エウロパ・ガニメデはラプラス軌道共鳴状態にあり，氷を融かして内部海を生成・維持するための熱源として，主に**潮汐加熱**を考えればよかった。しかし，カリストはラプラス軌道共鳴状態から外れており，強いて言えば，最も近いガリレオ衛星であるガニメデと公転周期が 3:7 の弱い軌道共鳴状態にある程度である。したがって，内部海が存在するとしても，その熱源は何か，また，なぜカリストの表面は更新されないのか，といった問題が残る。

　そこで筆者らは，カリストにも本当に内部海が存在するのかを確かめるため，Galileo 探査機の C3 および C9 フライバイデータの再解析を行なった（藤・桂, 2016）。

　Kuskov and Kronrod（2005）によれば，氷ガリレオ衛星の表面氷厚は約 150km 程度とされているので，藤・桂（2016）は，カリストでは深さ 150 ～ 170km に内部海があるとして，観測されたベクトル磁場データの内外比を最もよく説明する球殻の電気伝導度を C3・C9 の二つのフライバイについて求めた。その結果を，図 7-6 に示す。どちらのフライバイデータも，

球殻が取り得る電気伝導度の範囲は 0.15 ～ 0.4 S/m であることを示し，電気伝導度の最確値は，C3 で 0.25 S/m，C9 で 0.24 S/m であった。C9 フライバイでは，木星磁気圏の共回転プラズマから見て影になる側で Galileo 探査機がカリストに最接近しているので，C9 フライバイの方がプラズマの影響が小さく，最確値としては 0.24 S/m を取るべきかもしれない。しかし，いずれにせよ先行研究より一桁高い電気伝導度が得られている。ただし，この値は，エウロパについて再決定された内部海電気伝導度（0.5 S/m; Schilling et al., 2007）と同じオーダーである。

　電磁誘導現象の特性として，導体の電気伝導度と厚さの積であるコンダクタンスに，観測データは一義的な感度を持つ。したがって，藤・桂（2016）で得られた電気伝導度は，球殻の位置や厚さを変えれば当然変わり得る。しかし，Khurana et al.（1998）が見い出した背景磁場と観測された磁場の有意なズレが，カリストのフライバイデータに存在することは間違いなく，かつ，それがカリスト内部に高コンダクタンスを要求しているのも確かであることが分かった。カリストの内部海に必要な熱源と更新されない表面の問題は依然残るが，これ以上の詳しい議論には新しいデータが是非とも必要である。木星圏では今のところ，2022 年打ち上げ予定の JUICE と，2024 年秋に打ち上げが予定されている Europa Clipper の二つが，新たなデータソースになり得る。Europa Clipper はエウロパの，JUICE はガニメデの周回軌道に最終的には投入される予定であるが，その前にガリレオ衛星をはじめとする木星衛星に対して種々のフライバイ観測を行なうことになっている。これらの新しいデータが得られれば，カリストにまつわる二つの謎が解かれる日もいずれやって来るだろう。

　この章を閉じる前に，天体とプラズマの相互作用について触れておこう。

　本書では第 4・5・7 章で天体内部電磁誘導を扱ってきたが，それが過渡応答であるか周波数応答であるか，つまり，時間領域か周波数領域かに関わらず，いずれの場合も扱う磁場は絶縁体中で測られた内外分離可能なポテンシャル磁場であることが前提であった。しかし，この節で挙げた木星磁気圏内の衛星に関わる電磁誘導では，衛星とプラズマの相互作用を考慮しない訳にはいかない。特にガリレオ衛星は，10 時間弱で自転する木星の共回転プ

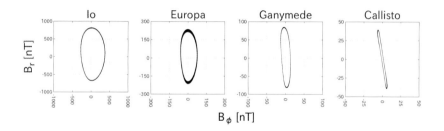

図 7-7　各ガリレオ衛星が感じる木星自転に伴う磁場の時間変化。左から順に，イオ・エウロパ・ガニメデ・カリストについて示す。B_r, B_ϕ は，木星中心球座標系での動径方向成分と経度方向成分（ただし，東向き正）。

ラズマ中をゆっくりと公転し，かつ，木星の磁軸が自転軸に対して約10度傾いているため，木星のプラズマシートも衛星から見れば上下に動いているからである。

またプラズマは，（3.2）式に従ってプラズマに凍結され，かつ，天体から見れば時間変化する磁場を伴う場合が多く，これにさらに背景磁場の時間変化による電磁誘導が加わるため，天体とプラズマの相互作用は天体内部電磁誘導だけから見てもかなり複雑である。

木星の場合，各ガリレオ衛星に加わる背景磁場の時間変化は，ある程度予測できる。例えば，木星の自転に伴う時間変化は，衛星から見れば木星固有磁場磁力線の会合周期で回転する赤道双極子が作り出す時間変化と，木星の自転に伴ってはためいているプラズマシートが作る磁場の時間変化の二つがその主成分になる。木星固有磁場には内外分離によるモデルが（Connerney, 1992），磁気圏磁場にはオイラーポテンシャルによるモデル（Khurana, 1997）がそれぞれ存在するので，それらの和を図示すると図7-7のようになる。木星に近いほど太った楕円になるのは，固有磁場（赤道双極子）の寄与が大きくなるからである。ただし，長軸／短軸比は必ずしも2になっていないことに注意されたい。木星から遠ざかるほど直線的な時間変化になってゆくのは，遠い所ほどプラズマシートに伴う磁場の寄与が支配的になるか

らである。この場合，衛星から見た外部磁場変化は，例えば q_1^0 で表わされるような，ある方向を向いた一様磁場の正弦的な時間変化で近似でき，背景磁場の取り扱いが比較的容易になる。これが，この節の中程でカリストの再解析結果を特に取り上げたもう一つの理由である。

　木星圏で最も複雑な天体・プラズマ相互作用の影響下にある衛星が，ガニメデである。§2-5 で述べた通り，ガニメデは自身の固有磁場を持つ太陽系唯一の衛星であり，ガニメデ近傍の磁場は背景磁場，プラズマ磁場，および，ガニメデの固有磁場の三つから成り立っている。また，亜音速の共回転プラズマとガニメデ固有磁場との相互作用により，ガニメデには衝撃波面を伴わない特有の磁気圏が形成され，オーロラの発生も確認されている（McGrath et al., 2013）。さらに，磁場の時間変化に伴うガニメデ内部の電磁誘導が加わり，フライバイなどの観測で得られたデータの解釈は，これらの要素を精度良く近似して行わなければならない。

　とは言え現在では，**電磁流体力学**（MHD: MagnetoHydroDynamics）に基づく数値シミュレーション（Jia et al., 2009; Duling, Saur and Wicht, 2014）により，ガニメデ内部の電気伝導度構造も考慮した上で，ガリレオ探査機が観測したベクトル磁場データをかなりの精度で説明できるようになりつつある。Galileo 探査機のフライバイ観測では，G8 フライバイがガニメデ磁気圏内に突入してガニメデに最接近した軌道を取っており，かつ，その時ガニメデは木星プラズマシートの中心付近に位置していたことから，最も説明が難しいデータとなっているが，Jia et al.（2009; Fig. 6）や Duling, Saur and Wicht（2014; Fig. 15）らの結果は見事に観測値を説明している。ただし，これらの結果も，あくまで順計算に基づくものであることに留意しなければならない。限られたフライバイ観測を特定のパラメータ設定に対し一定程度数値シミュレーション（＝順計算）で再現できたからと言って，それが現実と対応しているとは必ずしも限らない。順計算を逆問題に定式化するためにはもっとデータが必要であり，それが将来の木星圏探査で JUICE や Europa Clipper などの周回機が待たれる理由でもある。

　天体とプラズマの相互作用に伴う現象に，もう一つ**アルヴェン翼**がある。これについては，付録 J にまとめておいたので，そちらを参照されたい。

問 1 一様に帯電した球内外の電場を求め図示しなさい。また，図 7-3 に示した地球中心核内の重力加速度と求めた球内の電場を比較し，その類似点について論じなさい。

問 2 月は，自らが公転している惑星（地球）の磁気圏を出たり入ったりしている太陽系でも珍しい衛星である。地球磁気圏外で太陽風に伴う時間変化磁場を感じていた月の金属核が，地球磁気圏内に入って突然静穏，かつ，一様な磁場を感じるようになったとすると，月の金属核はどのような形状の磁場を誘導するか？ 理由と共に記しなさい。ただし，月の金属核は一様導体球とみなしてよい。

問 3 図 2-3 から分かるように，土星は木星と異なり，自転軸に関して非常に軸対称性の高い固有磁場を有している。これを踏まえ，土星の衛星に対して図 7-7 のような図を描くと，どのような違いが現れるか？ 理由と共に記しなさい。

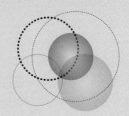

第8章
海洋と地磁気変化

　これまで海洋と地磁気変化は，地表付近に存在する良導体としての海洋に，外部磁場の時間変化が加わった際に生じる「電磁誘導」の文脈で取り扱われることが大半であったが，この章では「地球主磁場の下での海洋の運動が，能動的に電磁場を作り出す」という観点から，海洋と電磁場の関係を論じてみる。

　本章では，まず海洋起源の電磁場がどのようにして発見され，それが海水運動とどう結び付けられていったかを振り返り，次いで海洋中の発電作用が地球の外核でのそれとどのように異なるかを解説する。最後に，東北地方太平洋沖地震の直前に発見された「津波が作り出す電磁場」（Toh et al., 2011）についての最新の研究成果と，今後の展望について述べる。

§8-1　海水運動と海洋起源電磁場

　地球の外核でのそれを含め，現在では広く知られるようになった導電性流体に伴うダイナモ作用だが，導電性の地球流体が地球主磁場の下で運動すると起電力が生じることを最初に指摘したのは，電磁誘導の法則を発見したマイケル・ファラデーその人であった（Faraday, 1832）。ファラデーがテムズ川で行なった実証実験は失敗に終わったものの，地表付近に存在する代表的な**導電性地球流体**である海洋が，弱いながらも十分観測可能な電磁場を作り続けていることが次第に明らかになっていった。

　地球主磁場の鉛直成分と導電性地球流体の水平流とのカップリングで，有意な誘導起電力が作られるはずである，とファラデーが最初に予想してから

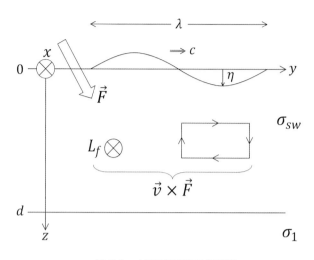

図 8-1　水面の波が作る電磁場

約 150 年後，Larsen and Sanford（1985）は，フロリダ海峡を横断する海底ケーブルの両端に生じる電位差変化を調べ，それが海洋学的方法で独立に測定したフロリダ海流の流量変化と高い相関を持つことを示した。この発見に刺激を受け，海底ケーブル（Nolasco et al., 2006）や自己浮上型の海底機器（Segawa and Toh, 1992）による海洋起源電場の観測例がその後相次いだ。これは，海底における電場の水平成分が，海水の電気伝導度と水平流速の積を海水層内で鉛直積分したものに等しい（Sanford, 1971）ため，海流の順圧成分と海底の水平電場の相関が高くなるからである。さらに，電場だけでなく，海水運動により海洋中に発生した電流の空間積分である海洋起源磁場も，潮汐のような全球規模の海水運動を伴う場合には，海洋から遠く離れた低軌道衛星高度（高さ数百 km）でも観測される（Tyler, Maus and Lühr, 2003）ことが明らかになった。

　では，**海洋のダイナモ作用**はどのようにして発生するのだろうか？　以下に，二次元的な海洋速度場の例を取って解説してみよう。

　図 8-1 のような，水深 d の平坦な海を，紙面に向かって右方向へ進む水

面の波を考える。この波に伴う海面の凸凹は，連続式を充たす海洋中の海水運動によって支えられている。海水の電気伝導度 σ_{sw} は 3 ～ 5 S/m と，地殻を構成する岩石と比べ桁違いに高いので，地球主磁場 $\vec{F}$ とのカップリングにより発生した起電力が電流を流し，それが二次磁場 $\vec{b}$ を作る。ここで，$\vec{B} = \vec{F} + \vec{b}$ かつ $|\vec{F}| \gg |\vec{b}|$，また $\vec{F}$ は定数ベクトルであるとすると，(3.1) 式は，

$$\frac{\partial \vec{b}}{\partial t} = \frac{1}{\sigma_{sw}\mu_0}\Delta\vec{b} + rot\left(\vec{v}\times\vec{F}\right) \tag{8.1}$$

となり，二次元海洋ダイナモの問題は，既知の起電力 $\vec{v}\times\vec{F}$ に対して二次磁場 $\vec{b}$ を求める非同次問題に帰着する。すなわち，有限な電気伝導度 σ_{sw} を持つ海水が，速度 $\vec{v}$ で背景磁場 $\vec{F}$ を横切ることによって生じる起電力 $\vec{v}\times\vec{F}$ による**ダイナモ電流** $\sigma_{sw}(\vec{v}\times\vec{F})$ が，「海洋のダイナモ作用」の源となる。

　ここで起電力 $\vec{v}\times\vec{F}$ を露わに書き下してみると，

$$\vec{v}\times\vec{F} = \begin{pmatrix} 0 \\ v_y \\ v_z \end{pmatrix} \times \begin{pmatrix} F_x \\ F_y \\ F_z \end{pmatrix} = \begin{pmatrix} v_y F_z - v_z F_y \\ v_z F_x \\ -v_y F_x \end{pmatrix} \tag{8.2}$$

が得られる。一見，起電力は三成分からなっていそうだが，考える導電性流体が非圧縮性流体の場合には（海水はそう考えてよい流体である），図 8-1 に示した矩形の辺に沿って $\vec{v}\times\vec{F}$ をストークスの定理を使って一周積分してみれば，

$$\oint \vec{v}\times\vec{F}\cdot d\vec{s} = \iint_S rot\left(\vec{v}\times\vec{F}\right)\cdot d\vec{S}$$

$$= \iint_S \left\{rot\left(\vec{v}\times\vec{F}\right)\right\}_x dydz = -\iint_S F_x\left(\frac{\partial v_y}{\partial y} + \frac{\partial v_z}{\partial z}\right)dydz = 0 \tag{8.3}$$

となる。つまり，$v_z F_x$ と $-v_y F_x$ は yz 平面内の至る所で短絡してしまい，二次元の場合には有意な起電力になり得ない（例えば，Larsen, 1971）。したがって，(8.1) 式の非同次項に当たる $rot\left(\vec{v}\times\vec{F}\right)$ は，次の (8.4) 式のように x 成分を持たない。また，海水が発生させる起電力 L_f

$$rot\left(\vec{v}\times\vec{F}\right)=\begin{pmatrix}-F_x\left(\dfrac{\partial v_y}{\partial y}+\dfrac{\partial v_z}{\partial z}\right)\\[2mm]\dfrac{\partial}{\partial z}\left(v_yF_z-v_zF_y\right)+\dfrac{\partial}{\partial x}\left(v_yF_x\right)\\[2mm]\dfrac{\partial}{\partial x}\left(v_zF_x\right)-\dfrac{\partial}{\partial y}\left(v_yF_z-v_zF_y\right)\end{pmatrix}=\begin{pmatrix}0\\[2mm]\dfrac{\partial}{\partial z}\left(v_yF_z-v_zF_y\right)\\[2mm]-\dfrac{\partial}{\partial y}\left(v_yF_z-v_zF_y\right)\end{pmatrix}$$

$$=\left(0,\quad\frac{\partial L_f}{\partial z},\quad-\frac{\partial L_f}{\partial y}\right)^t\ where\ L_f\equiv v_yF_z-v_zF_y \tag{8.4}$$

は，水平流速 v_y と鉛直流速 v_z それぞれの寄与からなる。地球の海洋の場合は，その縦横比から水平流が卓越しているため，海洋ダイナモでも後者は無視されることが多いが，海面の波では海水の鉛直動の寄与が海面で最大になるので考慮を要する場合がある。

　導電的な海水の運動と背景磁場のカップリングによって作られる海洋起源の二次磁場 $\vec{b}$ が，時間についても空間についても正弦的に変化しているとすると，$\vec{b}\propto e^{i(ky-\omega t)}$ より（8.1）式は，

$$\left\{\frac{\partial^2}{\partial z^2}-(k^2-i\omega\sigma_{sw}\mu_0)\right\}\begin{pmatrix}b_y\\b_z\end{pmatrix}=\sigma_{sw}\mu_0\begin{pmatrix}-\dfrac{\partial L_f}{\partial z}\\[2mm]\dfrac{\partial L_f}{\partial y}\end{pmatrix} \tag{8.5}$$

と書き直せる。したがって，周波数領域で（8.5）式の一般解を求めるには，まず z に関する一次元のベクトルヘルムホルツ方程式，

$$\left\{\frac{\partial^2}{\partial z^2}-(k^2-i\omega\sigma_{sw}\mu_0)\right\}\begin{pmatrix}b_y\\b_z\end{pmatrix}=\begin{pmatrix}0\\0\end{pmatrix} \tag{8.6}$$

の一般解を求め，既知の起電力 L_f に対して（8.5）式の特解を探して両者の和を取れば，二次磁場 $\vec{b}$ が決定できる。ただし，b_z が求められれば，二次磁場 $\vec{b}$ の非発散条件を利用して b_y は，

$$b_y=\frac{i}{k}\frac{\partial b_z}{\partial z} \tag{8.7}$$

のように b_z を用いて計算できる。なお，海水運動の空間スケールが波数 k

の逆数で決まるのに対し，それによって作られる海水中の電磁場の空間スケールは電磁波数 α_s の逆数によって決まることに注意されたい。ここに，

$$\alpha_s{}^2 = k^2 - i\omega\sigma_{sw}\mu_0 \tag{8.8}$$

である。

　二次元速度場に対する海洋ダイナモ作用は，波面に平行な水平電場によって電流が流れ，それによって鉛直方向と波の進行方向に磁場が発生する，という図式になる。付録 E で述べた TE モードと TM モードという術語を使えば，二次元の海洋ダイナモ作用には TE モードに相当するモードは存在するが，(8.3) 式により TM モードは存在しない，とも言える。また，電流の源となる電場は，外力である起電力 L_f と誘導電場 e_x の和であり，L_f には導電的な海水の水平動と鉛直動の双方が寄与する。e_x は，(1.1) 式より，

$$e_x = -\frac{\omega}{k}b_z \tag{8.9}$$

となり，b_y と同様 b_z から導ける。

　x 方向に流れるダイナモ電流 $\sigma_{sw}L_f$ が作る磁場は，波の前面では時間と共に増加し，後ろ側では減少するため，誘導電場 e_x は波の前側で L_f と逆方向に，後ろでは同方向になる。さらに，海洋中で磁場凍結が成立するかどうかは，主に海洋の水深に依る。ある水深で磁場凍結が卓越するのか，または，磁場拡散が卓越するのかについての詳しい議論は，Minami, Toh and Tyler (2015) を是非参照されたい。

§8-2　地磁気ダイナモとの違い

　海水は，外核中の主に鉄とニッケルからなる合金ほどではないにせよ高い電気伝導度を持ち，一定の強さを持つ地磁気の中で，外核中の導電性流体よりも高速で運動している。表 8-1 に両者の違いをまとめてみた。

　表 8-1 によれば，流体速度以外は，外核中の値の方が桁違いに大きいので，**海洋起源電磁場**の方が遥かに小さいことは確かである。また，導電性の回転

表8-1　外核と海洋の違い

	電気伝導度 [S/m]	磁場強度 [nT]	流体速度 [m/s]
海洋	$3 \sim 5$	10^4	1
外核	$10^5 \sim 10^6$	10^6 *	10^{-3}

* 外核表面におけるポロイダル磁場強度。

流体に対して運動方程式を書き下してみると，

$$\rho_f \frac{d\vec{v}}{dt} = -grad\ p + \nu\Delta\vec{v} + \rho_f\vec{g} - 2\rho_f\vec{\Omega}\times\vec{v} + \vec{J}\times\vec{B} \qquad (8.10)$$

となる。ここに，ρ_f は流体の密度，$\vec{v}$ は流体の速度ベクトル，p は圧力，ν は粘性率，$\vec{g}$ は重力加速度ベクトル，$\vec{\Omega}$ は地球自転の角速度ベクトル，$\vec{J}$ は電流密度ベクトル，$\vec{B}$ は磁束密度ベクトルである。

　（8.10）式の右辺最終項は磁場が電流に及ぼす力であるが，この項と一つ前の項すなわちコリオリ力との比が，ダイナモ作用を規定する無次元数の一つである**エルザッサー数**になる。地球の外核の場合，エルザッサー数は1のオーダーだが，海洋では無視し得るほど小さい。このことは，最終項の大きさを他の項と比較した場合にも当てはまる。つまり，海洋中でのローレンツ力は，海水の分子粘性程度の大きさしか持たず，流体運動にはほとんど寄与しない。海流の向きがローレンツ力によって変えられるとは誰も想像しないであろうが，その直感は正しく海洋は電磁流体ではない。しかし裏を返すと，何らかの方法で海洋起源電磁場を同定／抽出できれば，それは直ちに海水運動の観点から解釈できることを意味している。これが，20世紀に入って，海洋のダイナモ作用が主として海洋学的視点で研究されてきた理由になっている。

§8-3　津波が作る電磁場

　津波が作る電磁場が最初に注目されたのは，2004年の末に発生したスマ

トラ島沖地震とそれに伴うインド洋大津波の時であった。NASA ゴッダード宇宙飛行センターのロバート・タイラーは，**線形長波近似**を用いて津波が作る電磁場の簡易公式を導出し，衛星高度計のデータからインド洋大津波の波高を読み取って，津波起源の磁場鉛直成分の大きさが海面で 2nT 程度であったであろうと推定した（Tyler, 2005）。この計算は恐らく正しかったと考えられるが，**津波起源電磁場**の実測値に基づく結果ではなかった。

　2011 年 3 月に発生した東北地方太平洋沖地震の直前，筆者らは 2006 年 11 月と 2007 年 1 月にそれぞれ千島海溝の陸側斜面と海側斜面で相次いで発生した双子の**津波地震**を調べていて，これらの津波が波源から 700km 以上離れた水深約 5600m の北西太平洋海盆に，観測可能な電磁場を作っていたことを発見した（Toh et al., 2011）。図 8-2 に，その時観測された地磁気三成分の時系列を示す。この図の (x, y, z) は，それぞれ地理的北，地理的東，および，鉛直下向き方向に対応している。

　図 8-2 の縦実線は，それぞれの津波地震の発震時刻を，また，縦点線は，北西太平洋海盆の海底長期電磁場観測点 NWP（図 4-1 および図 7-1 にも登場した観測点）への津波の予想到来時刻を表わしている。これら二つの津波地震に関する基本的な情報は，表 8-2 にまとめておいた。

　図 8-2 の横軸はすべて時刻で，180 分すなわち 3 時間分の時系列が描かれている。この時間スケールでは，震央距離が 800km 以上あったとしても，地震波が海底の電磁場観測点に到達するまでに 5 分もかからないので，図の縦実線が海底観測点への地震波到来時刻だと思って差し支えない。その証拠に，最下段の傾斜水平二成分は，どちらの地震でも縦実線の時刻に変化を始めている。一方，磁場三成分は，目立った変化がないか，地震波による海底観測装置の揺れで説明できる程度の小さな変化しか示していない。

　磁場三成分が大きく変化するのは，図 8-2 の縦点線の時刻以降で，この時間帯に津波が観測点の上を通過したと考えられる。この時点で，最下段に示した傾斜水平二成分は既に変化を示さなくなっているので，縦点線以降の磁場三成分の変化は，磁力計の姿勢変化や地震波によるものではない。

　このように，千島海溝を挟んだ陸側と海側で相次いで発生した地震津波を同一の海底観測点で観測した結果，装置の揺れによるものではない磁場三成

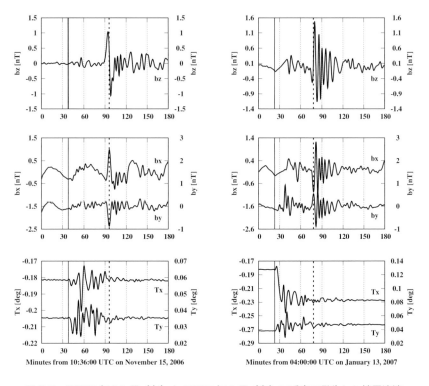

図 8-2　2006 年 11 月（左）と 2007 年 1 月（右）に千島で発生した地震津波
　　　　に伴う地磁気変化。上から順に，磁場鉛直成分，磁場水平二成分，および，
　　　　傾斜水平二成分。

分の顕著な変化を 2 例続けて検知できたことから，これらの磁場変化は津
波によって生成された電磁場によるものである，と筆者らは考えるようになっ
た。

　それが正しいとすると，津波起源電磁場の性質が，図 8-2 から既にいく
つか読み取れる。まず，縦点線に対して磁場鉛直成分のピークが左側へ，す
なわち，時刻の早い方へずれ，また，磁場水平二成分のピークは磁場鉛直成
分のそれより遅れて現れるように見える。その後の理論計算（例えば，
Minami, Toh and Tyler, 2015）で，磁場鉛直成分のピークは波高に先んず

表 8-2　千島海溝で発生した双子津波地震

地震名称	Mw	発震時刻 [UTC]	緯度 経度	震源の深さ [km]	発震機構	震央距離 [km]*
2006 年 千島列島沖地震	8.3	2006.11.15 11h14m13s	N46°36′25.2″ E153°13′48″	10	逆断層型	820.4
2007 年千島列 島沖地震	8.1	2007.01.13 04h23m21s	N46°16′19.2″ E154°27′18″	10	正断層型	727.3

* NWP 点までの震央距離。

† 震央距離以外の情報は，米国地質調査所（USGS）の以下の URL による。
https://earthquake.usgs.gov/earthquakes/eventpage/usp000exfn/executive
https://earthquake.usgs.gov/earthquakes/eventpage/usp000f2ab/executive

るが，磁場水平成分は磁場鉛直成分より位相が約 90 度遅れている，という
結果が得られている。この点については，この節の後半でも，津波電磁場の
二次元解析解を使って例証する。

　次に，磁場水平二成分に注目すると，2006 年と 2007 年の津波で水平磁
場の向きが異なることが分かる。2006 年は b_x が正，b_y が負に振れているが，
2007 年はその逆の組み合わせになっている。これは，第一義的には，津波
に伴う海洋中電流の向きが逆であることを意味する。海洋中の電流の向きは
海水運動の向きと対応するので，これは「海面の凸凹が逆であった」と解釈
できる。つまり，2006 年の第一波は観測点で押し波であったが，2007 年
は引き波であったことを意味している。これを踏まえて，表 8-2 を見直し
てみると，確かに両者の発震機構は正反対になっており，海面の凸凹が逆で
あることと符合する。さらに，

$$\tan\theta = b_y/b_x \tag{8.11}$$

から，観測点における津波の伝播方向も推定でき，その結果は震央方向と整
合する。これは，従来の津波計が，例えば波高だけを測定するスカラー観測
であるのに対し，電磁場観測が本質的にベクトル観測であることによる方向
探知能力である。

もう一つ，2006年と2007年の磁場波形で大きく異なるのは，後続波である。2006年は後続波がほとんど見られないのに対し，2007年のデータでは後続波の振幅が大きく，津波のエネルギーは第一波だけでなく後続波にも多く分配されているように見える。これは分散性の津波が持つ特徴の一つであるが，その後の研究により津波起源電磁場は，**津波の分散**に対しても非常に敏感であることが明らかになった（Minami et al., 2017）。

津波は，重力を復元力とする「水面の波」である。何らかの原因によって水面形状の急激な変化が起こり，流体が元の静水圧平衡状態に戻ろうとする時に発生する。したがって，地滑りや氷河の崩落などによって湖面が魚に波立った際に発生する**表面重力波**も「津波」と呼ばれ，実際にアンデス山中の湖でも被害津波が報告されている（https://www.reuters.com/article/us-peru-glaciers-idUSTRE63B69Y20100412）。だが，最も被害津波に結びつきやすいのは，やはり地震津波であり，これは規模の大きな地震の震央が海域にある場合に多く発生する。ただし，震央が海域にあっても必ず発生するとは限らないし，震央が陸域にあっても海岸に非常に近ければ，陸上や海底での地滑りを誘発して津波発生に至る場合があるので，注意が必要である。

§8-1で述べたように，二次元の場合の海洋ダイナモ作用は，(8.5) 式を解くことに帰着する。したがって，津波に伴う速度場が解析的に与えられていれば，(8.5) 式にも解析解が存在する可能性がある。津波の波長は水深や波高に比べて非常に大きいため，津波は**浅水長波**でよく近似できる。ここでは津波を浅水長波の一種である**線形分散波**で近似することにする。線形分散波の詳細については付録Kにまとめてあるが，そこに記すように線形分散波の速度場は速度ポテンシャルを使って解析的に求めることができる。そこで，最後に津波が作る電磁場の二次元解析解を導出して，本書を閉じることにしよう。

(8.4) 式によれば，津波を含む海洋のダイナモ作用の源となる起電力 L_f は，背景磁場の鉛直成分 F_z と波の進行方向に平行な水平成分 F_y 両方の寄与からなる。そこで，F_z 起源の津波電磁場と F_y 起源の津波電磁場を別々に求めることにする。そうしておけば，F_y 起源の津波電磁場を無視したい場合には，F_z 起源の津波電磁場の解析解だけを使用すれば済む。また，線形分散波で

はなく，線形長波に対応した解析解が必要な場合には，どちらの起源の電磁場でも $kd \ll 1$ とすれば必要な解が得られる。

それでは，まず F_z 起源の解について考えてみよう。

（8.5）式を充たす b_z は，中性大気中 ($z < 0$)・海水中 ($0 \leqq z < d$)・海底下 ($d \leqq z$) の各領域で次の形をしているとする。ただし，海底下には n 層からなる水平成層構造を付け加えた（第 n 層は，半無限一様導体）。

$$b_z = A_0 e^{kz} \qquad\qquad (z < 0) \quad (8.12)$$

$$b_z = A_1 e^{\alpha_s z} + B_1 e^{-\alpha_s z} - \frac{k\eta F_z \cosh\big(k(z-d)\big)}{\sinh(kd)} \qquad (0 \leqq z < d) \quad (8.13)$$

$$b_z = C_l e^{\alpha_l(z-d)} + D_l e^{-\alpha_l(z-d)} \qquad (1 \leq l \leq n;\, d \leqq z) \quad (8.14)$$

ここに，

$$\alpha_l{}^2 = k^2 - i\omega\sigma_l\mu_0 \qquad\qquad (8.15)$$

で，σ_l は海底下第 l 層の電気伝導度である。また，中性大気中と海底下には電流源が存在しないので，**同次方程式**（すなわち，ラプラス方程式とヘルムホルツ方程式）の一般解をそれぞれの領域における解とした。一方，海水中では津波の持つダイナモ作用が働くため，**非同次方程式**の特解を探して，同次方程式の一般解に付け加えてある。

ここで決定すべき未知係数は，$A_0, A_1, B_1, C_1, D_1, \cdots, C_{n-1}, D_{n-1}, D_n$ の $2n+2$ 個であり，境界面は海面と海底を含めて $n+1$ 個ある。したがって，各境界面で磁束密度の各成分，すなわち，b_y と b_z の連続条件を課せば $2n+2$ 個の式が得られ，すべての未知係数が一意に決定できる。§5-3 と §6-1 で議論したように，最下層に置いた半無限一様導体中では，$C_n = 0$ が要請される。

（8.12）〜（8.14）式で b_z の鉛直微分を取れば，（8.7）式から b_y が求められるので，海面における磁束密度成分の連続条件二つから A_0 を消去して，

$$A_1 + B_1 - \frac{k\eta F_z}{\tanh(kd)} = \frac{\alpha_s}{k}(A_1 - B_1) + k\eta F_z \qquad (8.16)$$

が得られる。また，海底における磁束密度成分の連続条件からは，

$$A_1 e^{\alpha_s d} + B_1 e^{-\alpha_s d} - \frac{k\eta F_z}{\sinh(kd)} = C_1 + D_1 \tag{8.17}$$

$$A_1 e^{\alpha_s d} - B_1 e^{-\alpha_s d} = \frac{\alpha_1}{\alpha_s}(C_1 - D_1) \tag{8.18}$$

の二つが出る。一見（8.16）〜（8.18）式は，四つの未知数（A_1, B_1, C_1, D_1）に対して式が三つしかないようだが，海底下各層内の係数 C_l と D_l は，§6-3 で議論したように次の漸化式，

$$\begin{pmatrix} C_l \\ D_l \end{pmatrix} = \frac{1}{2\alpha_l} \begin{pmatrix} (\alpha_{l+1}+\alpha_l)e^{(\alpha_{l+1}-\alpha_l)\delta_l} & -(\alpha_{l+1}-\alpha_l)e^{-(\alpha_{l+1}+\alpha_l)\delta_l} \\ -(\alpha_{l+1}-\alpha_l)e^{(\alpha_{l+1}+\alpha_l)\delta_l} & (\alpha_{l+1}+\alpha_l)e^{-(\alpha_{l+1}-\alpha_l)\delta_l} \end{pmatrix} \begin{pmatrix} C_{l+1} \\ D_{l+1} \end{pmatrix} \tag{8.19}$$

を充たすため，C_1, D_1 は共に D_n を共通因子として含む。ここに，$\delta_l = \sum_{j=1}^{l} d_j$。したがって，両者の比である $R \equiv C_1/D_1$ は，海底下に与えた水平成層構造だけで決まる。つまり，未知数は一つ減って三つになるので，過不足なく解ける。

（8.16）〜（8.18）式を用いて A_1, B_1 を具体的に求め，海洋中で F_z 起源の b_z を書き下せば，

$$b_z = \frac{k\eta}{S \cdot \sinh(kd)} \zeta_z(z) \cdot F_z \tag{8.20}$$

を得る。ここに，

$$\zeta_z(z) = \sinh(\alpha_s z) + \frac{\alpha_s}{k}\cosh(\alpha_s z)$$
$$+ e^{kd}\{P \cdot \cosh(\alpha_s(z-d)) - \sinh(\alpha_s(z-d))\} - S \cdot \cosh(k(z-d)) \tag{8.21}$$

$$P = \frac{\alpha_s}{\alpha_1}\frac{1+R}{1-R} \tag{8.22}$$

$$S = \frac{\alpha_s}{k}\left(1 + \frac{k}{\alpha_1}\frac{1+R}{1-R}\right)\cosh(\alpha_s d) + \left(1 + \frac{\alpha_s^2}{k\alpha_1}\frac{1+R}{1-R}\right)\sinh(\alpha_s d) \tag{8.23}$$

である。

F_y 起源の b_z も同様の手順で求めることができ，

$$b_z = \frac{ik\eta}{S \cdot \sinh(kd)} \psi_z(z) \cdot F_y \tag{8.24}$$

となる。ここで，

$$\psi_z(z) = P \cdot \left\{ \cosh(\alpha_s z) + \frac{k}{\alpha_s} \sinh(\alpha_s z) \right\}$$

$$-e^{kd}\left\{ P \cdot \cosh\left(\alpha_s(z-d)\right) - \sinh\left(\alpha_s(z-d)\right) \right\} - S \cdot \sinh\left(k(z-d)\right) \tag{8.25}$$

である。

以上より，線形分散波が海洋中に発生させる b_z は，（8.20）式と（8.24）式の和，

$$b_z = \frac{k\eta}{S \cdot \sinh(kd)} \left\{ \zeta_z(z) \cdot F_z + i\psi_z(z) \cdot F_y \right\} \tag{8.26}$$

で与えられる（Minami, Schnepf and Toh, 2021）。線形分散波の v_z は，海底では零，海面でも v_y の 2 割程度の大きさしか持たないため，海洋中で平均すると（8.26）式の右辺第 2 項は，第 1 項の 1 割程度しか寄与しない。しかし，地球の赤道域では F_z 自体が非常に小さくなるため，津波起源電磁場の源になる背景磁場の成分は F_y だけになる。したがって，第 2 項を正確に評価することが，低緯度域の津波電磁場には重要になってくる。ただし，赤道域を東西方向に伝播する津波は，F_y, F_z のどちらに対しても有意な起電力を作らないことに注意されたい。

観測（図 8-2）で見られた位相関係を整理する意味でも，ここで導出した二次元解析解を図示しておこう。

図 8-3 に，（8.26）式の二次元解析解から計算した海洋中の b_y, b_z を示す。上下の対がそれぞれ F_y, F_z 起源に，また，左右の対がそれぞれ b_y, b_z に対応するように，4 通りに分けて描いてある。振幅は実線で，位相は破線でそれぞれ示したが，実線の縦軸は左端，破線の縦軸は右端から読み取って欲しい。

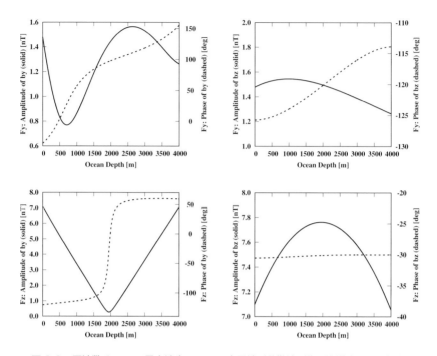

図 8-3　周波数 3mHz，最大波高 1m の二次元線形分散波が作る海洋中の b_y（左）と b_z（右）。実線が振幅，破線が津波の波高に対する位相の遅れを示している。上の二枚が F_y 起源の磁場成分で，下は F_z 起源。横軸は水深で，左端が海面，右端が海底に対応する。深さ 4000m の平坦な海と，海底下には 0.01S/m の半無限一様導体を仮定している。背景磁場の大きさは，F_y, F_z 共に 35000nT（中緯度での代表的な値）である。

さらに位相は「津波の波高からの位相遅れ」すなわち「ラグ」を正として描いてあり，負の値は磁場の方が波高より位相が進んでいることを表わしている。

　まず，振幅を比較すると，F_y 起源磁場の最大振幅は，やはり F_z 起源のそれの 2 割程度しかないことが分かる。しかし，F_y 起源の磁場成分も，実際に観測が可能な海面や海底で振幅が 1nT を優に超えており，充分観測可能であると考えられる。また，F_z 起源の磁場振幅は，b_y, b_z どちらも海面および海底で最大または最小となる。海水層内で対称性が破れているのは，海底

下に 0.01 S/m の導体が存在しているからである。

　次に，位相を比較してみると，海面と海底いずれでも負になるのは，b_z 成分であることが分かる。この内，F_z 起源の b_z は約 −30 度，すなわち，12 分の 1 周期（今の場合，約 28 秒）程度位相が進んでいる。ダイナモ電流自体は，最大波高直下で最大になるため，ダイナモ電流だけ考えれば位相差は約 −90 度になるはずだが，位相差がそれより小さくなるのは，津波の位相速度が十分速いので波面の前後に誘導電場が発生して，津波が作り出した海洋中の「電流の壁」（Toh et al., 2011）を，津波の進行方向とは逆方向へ押し下げるからである。つまり，津波の**自己誘導効果**が津波の作る電流に対するある種の抵抗となり，磁場凍結により津波に追随しようとする電流の壁と最大波高との間にズレを生じさせる。また，F_z 起源の b_y と b_z の位相を比べると，海底で前者は約 +60 度，後者は約 −30 度と計算される。両者の位相差約 90 度が，図 8-2 に見られた地磁気鉛直成分と水平成分の位相差として現れている。

　これに対し，F_y 起源の b_z は約 −120 度，すなわち，3 分の 1 周期（約 111 秒）も位相が進む。これは，b_z の源となる速度成分の，最大波高に対する位相の違いを反映している。すなわち，F_z 起源の b_z は v_y に対応しているが，v_y の位相は最大波高と一致している。一方，F_y 起源の b_z を作るのは v_z であり，その位相は最大波高より 90 度進んでいる。つまり，v_y は波の山と谷で最大になるのに対し，v_z は波の節で最大になる。これが，F_y 起源の b_z の位相が，F_z 起源のものより約 90 度進んでいる主な理由である。

　以上より，海面または海底で b_z を観測していると，まず振幅の小さい F_y 起源の変化が現れ，次いで F_z 起源の b_z がずっと大きな振幅で検出される。この関係は，地震波の P 波・S 波とよく似ているが，津波起源磁場は F_y, F_z 起源どちらも津波到来前に観測される。いずれにせよ，津波が作り出す b_z が津波の到来前に観測される，というこの性質は，今後の**津波早期警戒**に役立つ可能性がある。これに対し F_y 起源の b_y は，海底では津波の最大波高より位相が遅れるのに加え，海面でもそれほど位相が進まず，かつ，振幅が小さくなるので，F_y 起源の b_z を監視した方が，より高い信号雑音比で津波が検知できるものと予想される。振幅と位相の両方を考慮すると，海面での

F_z 起源 b_y が最も早く到来し，かつ，大振幅の成分になるが，海面の地磁気水平成分は外部磁場擾乱の影響を強く受けるので，信号雑音比が悪くなる。したがって，津波の早期警戒のためには，海底電磁場観測を拡充するか，あるいは，海洋島などにおける地磁気観測データの外部磁場補正を逐次正確に行なう必要がある。ただし，F_y 起源の津波磁場には方向依存性があり，津波の進行方向と背景磁場の水平成分が直交している場合には作られなくなることに注意が必要である。

　この節で図 8-3 に基づき行なった議論は，水深に強く依存する。水深の違いによって，ここでの議論が定量的にどう変わるかについては，Minami, Toh and Tyler（2015）を参照されたい。

問 1 時間的にも空間的にも正弦的に変化する二次元の表面重力波に対して，導電性流体が作る二次磁場の鉛直成分 b_z が求められたとすると，残る電磁場の二成分 e_x と b_y が，それぞれ（8.9）式と（8.7）式で与えられることを示しなさい。

問 2 地球の海洋でエルザッサー数は，どの程度の大きさになるか？　およその値を求めなさい。

問 3 有限振幅の波に対しては，境界条件（K.3）および（K.6）はどう書き表わされるか？

| Column **4** | ファラデーとウォータールー橋 |

　ロンドンの王立協会が，物理科学を対象に 1774 年以来毎年開いているベイカー講義で，ファラデーは都合 2 回講演している。その 2 回目が「導電性地球流体の発電作用」を含む内容であった。この講義の中でファラデーは，彼自身がテムズ川で行なった実証実験の顛末を正直に語っている（Faraday, 1832）。

　その日ファラデーは，恐らく数名の助手を伴って，ウォータールー橋へと出かけた。携えたのは，検流計，長さ 960 フィートの銅線，銅板や白金板の対を幾組か。現在のウォータールー橋の長さが 370m であるから，銅線に結えられた一対の金属板は，橋の両端ではなく中程からそれぞれ河中に投じられたのだろう。銅線を検流計に接続すると，ファラデー先生は針の動きをじっと観察し始めた・・・

"... I constantly obtained deflections at the galvanometer, but they were very irregular, and were, in succession, referred to other causes than that sought ..."

~ From the 189th paragraph of Faraday (1832)

　ファラデーは，淡水も電気伝導度は零ではないから，地球主磁場の鉛直成分と河水の水平速度のカップリングで，観測可能な起電力が発生すると予想したのだろう。しかし，ロンドン付近の主磁場鉛直成分の大きさでは，たとえテムズ河が 10m/秒の高速で流れていたとしても，0.5 mV/m 程度の電場しか作られず，電極間距離をかけて積分しても 1 V にも満たない電圧しか得られない。金属板と河水との間の接触電位差や河水速度も刻々変化するであろうし，その他のノイズ要因を考慮すれば，ファラデーが予想していたような系統的な変化が観測できなかったのは蓋し当然であった。しかし，それでもファラデーは，電極の間隔を変えたり，金属板を銅板から高価な白金板に交換す

るなどして，実に 3 日の間ウォータールー橋の上で実験を繰り返したようである。

　検証実験は失敗に終わったものの，次の第 190 段落でファラデーは「私にドーバー・カレー間を横断するケーブルを与えてくれれば，私の主張が正しいことを証明できるだろうし，実際メキシコ湾流では観測可能な電場が発生しているだろう。」とアルキメデスばりの予想[6] を綴っている。しかし，驚くべきことに，このファラデーの予想は，それから 150 年以上経った 1985 年にフロリダ海峡で実証されることになる（Larsen and Sanford, 1985）。

　ファラデーが，なぜ「導電性地球流体の発電作用」を言い出したかは謎である。以下は筆者の憶測でしかないが，恐らく電動機（モーター）や発電機の相次ぐ発明に刺激されたのではないだろうか？

　電磁誘導の法則の発見自体，ファラデーが先か米国のヘンリーが先か，という議論があるくらいであるから，当時は電気と磁気および両者の関係が注目を集め，また，盛んに研究されてもいた。したがって，1831 年にファラデーが「電磁誘導の法則」を発表する以前から，ファラデー自身 1821 年にモーターと発電機の原理につながる実験を行なっているし，1824 年のアラゴ（ドミニク・フランソワ・ジャン・アラゴ Dominique François Jean Arago, 1786 〜 1853）の円盤や 1827 年のアーニョシュ（イェドリク・アーニョシュ・イシュトヴァーン Jedlik Ányos István, 1800 〜 1895）のローターなどが既に存在していた。また，ファラデーが電磁誘導の法則を発表した翌年には，フランスのピクシー（ヒポライト・ピクシー Hippolyte Pixii, 1808 〜 1835）が早くも手回し交流発電機を発明している。こうした時代背景の中で，電磁誘導の発見者としては「わざわざ動力を使わなくても，自然の力を利用して発電できる」と主張したかったのではないだろうか？

　ファラデーが世界初の「導電性地球流体の発電作用に関する実験」を行なったウォータールー橋は，筆者にとっても思い出深い場所である。英国ケンブリッジ大学の理論地球物理学研究所で文部省（当時）在外研究員をやっていた頃，

---

*6　古代最高の科学者の一人であるアルキメデスは，梃子の原理に関して「我に支点を与えよ。されば地球を動かして見せん。」という言葉を残している。

時折りロンドンに出て来る機会があると，ここを訪れて橋の欄干にもたれたものである。

　映画「哀愁」でヴィヴィアン・リーがロバート・テイラーと初めて出会ったのもこの橋だったか，あるいは，150 年以上前ファラデーが一心不乱に検流計の針の動きを観察していたのはこの場所だったか，などと想いを巡らせたものである。橋の上から河の流れを眺めても，ファラデーは自然が作り出す超電力の存在を感じ，鴨長明であれば世の無常を感じ，凡人の私は古い恋愛映画を想い出す。三者三様である。

　なお，ファラデーが利用した初代ウォータールー橋は，1934 年に解体され第二次世界大戦直前の 1937 年に架替工事が始まった。映画「哀愁」の公開は 1940 年であるから，私（と恐らくヴィヴィアン・リー）がもたれた欄干は，二代目の欄干である。

本書に必要なベクトル解析の知識

ベクトル場 $\vec{A}$ の発散 $div\vec{A}$ は，物理的には「微小体積当たりの湧き出し量」を意味するスカラー量であり，デカルト座標では

$$div\vec{A} \equiv \nabla \cdot \vec{A} = \frac{\partial A_x}{\partial x} + \frac{\partial A_y}{\partial y} + \frac{\partial A_z}{\partial z} \tag{A.1}$$

で表わされる。ここで ∇ は，ナブラ演算子 $\nabla \equiv \vec{e}_x \frac{\partial}{\partial x} + \vec{e}_y \frac{\partial}{\partial y} + \vec{e}_z \frac{\partial}{\partial z}$ であり，$\vec{e}_x$ 等は各座標軸方向の単位ベクトルを表わす。

問 1 $div\vec{A}$ が，なぜ「微小体積当たりの湧き出し量」の意味を持つのか，次の立方体の各面を通り抜ける流体の量を計算することにより示しなさい。

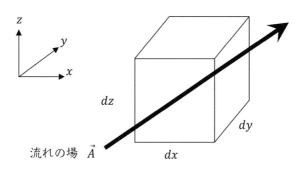

流れの場 $\vec{A}$

これに対し，ベクトル場の回転 $rot\vec{A}$ は，「微小面積当たりの循環の強さと方向」を意味するベクトル量であり，デカルト座標では次式で表わされる。

$$rot\vec{A} \equiv \nabla \times \vec{A} = \left(\frac{\partial A_z}{\partial y} - \frac{\partial A_y}{\partial z}, \frac{\partial A_x}{\partial z} - \frac{\partial A_z}{\partial x}, \frac{\partial A_y}{\partial x} - \frac{\partial A_x}{\partial y} \right)^t \qquad \text{(A.2)}$$

$rot\vec{A}$ の意味を理解するには，「循環」の説明をしておかなければならない。

一般に循環 C とは，ベクトル場 $\vec{A}$ の閉曲線に沿った次の線積分を指す。

$$C = \oint \vec{A} \cdot d\vec{s} \qquad \text{(A.3)}$$

ここに $d\vec{s}$ は，閉曲線上の線素である。したがって，C の絶対値は閉曲線周りの「渦の強さ」を，符号は右ネジが進む向きを正とした渦の回転方向を表わす。つまり $rot\vec{A}$ は，空間の各点でベクトル場 $\vec{A}$ がどのくらい強く渦を巻いているかを示し，その向きはその渦が乗っている局所的な平面の法線と平行である。言い換えれば，$rot\vec{A}$ がベクトルになるのは，平面が三次元空間で向きを持つ図形だからである。

問2 $\vec{A}$ を下図の正方形周りに線積分し，さらに正方形の面積で割ったものについて $dx, dy \to \infty$ の極限を取ると，（A.2）式の z 成分に漸近することを示しなさい。

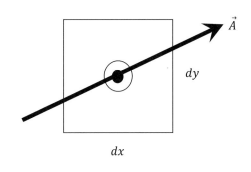

ベクトル場の発散と回転の意味が分かった所で，それぞれの空間積分について考えてみよう。発散が持つ意味から，$div\vec{A}$ を有限体積 V について体積分すると，V を包む閉曲面 S を貫く $\vec{A}$ を S 上ですべて足し合わせたものに等しいことが分かる。

$$\iiint_v div\vec{A}dv = \iint_S \vec{A} \cdot d\vec{S} \tag{A.4}$$

ここで $d\vec{S}$ は S の面素であり，通常外向き法線方向を正に取る。(A.4) 式は「ガウスの発散定理」呼ばれるベクトル場の代表的な積分定理の一つであり，(1.3) 式にこの定理を当てはめると，左辺は，

$$\iiint_v div\vec{D}dv = \iint_S \vec{D} \cdot d\vec{S}$$

右辺は，

$$\iiint_v \rho dv = Q \quad [\text{体積 } V \text{ に含まれる全電荷量}]$$

となる。すなわち，ここで得られた

$$Q = \iint_S \vec{D} \cdot d\vec{S} \tag{A.5}$$

という関係は，「閉曲面内に存在する全電荷は，閉曲面を貫く全電束に等しい」という電気力線に関するガウスの法則を表わしている。

また，回転が持つ意味から，$rot\vec{A}$ を有界な曲面 S 上で面積分すると，S を縁取る閉曲線 C に沿って $\vec{A}$ を足し合わせたものに等しいことも分かる。

$$\iint_S rot\vec{A} \cdot d\vec{S} = \oint_C \vec{A} \cdot d\vec{s} \tag{A.6}$$

(A.6) 式は，発散定理と並んで重要なベクトル場の積分定理であり，「ストークスの定理」と呼ばれる。ストークスの定理を (1.2) 式に当てはめてみると，左辺は，

$$\iint_S rot\vec{H} \cdot d\vec{S} = \oint_C \vec{H} \cdot d\vec{s}$$

右辺は，

$$\iint_S \left(\vec{j} + \frac{\partial \vec{D}}{\partial t}\right) \cdot d\vec{S} = \mathbb{J} \quad [S \text{ を貫く全電流量}]$$

となり，S を通る正味の電流量を測るには，S 上のすべての点で回転を求める必要はなく，C 沿いで磁場 $\vec{H}$ を測ればよいことが分かる。ここで得られた

$$\mathbb{J} = \oint_C \vec{H} \cdot d\vec{s} \tag{A.7}$$

が「（広義の）アンペールの法則」であると言うこともできる。

　ベクトル場の微分演算子には，ここまでに登場した div や rot に加え，勾配演算子 $grad$ もある。これらの演算子はいずれも，ベクトルに対して内積的に作用するのか（div），外積的に作用するのか（rot），あるいは，スカラーに作用するのか（$grad$）の違いはあるが，元になっている演算子がナブラであることに変わりはない。

　$grad\,f$ 自体は，スカラー関数 $f(x, y, z)$ が空間の各点でどんな勾配を持っているかを表わし，f の空間分布の局所的接平面の接線方向を向く。

　このように $grad$ は，スカラーに作用しベクトルを返す。それに対し div は，ベクトルに作用しスカラーを返し，rot はベクトルに作用しベクトルを返す。したがって，$grad, div, rot$ の組み合わせも，自ずと以下の五つに限られる。

$$grad \cdot div;\ div \cdot grad;\ div \cdot rot;\ rot \cdot grad;\ rot \cdot rot$$

この内，二番目の組み合わせ演算子は，ラプラシアンと呼ばれ Δ で表わされることが多い。ラプラシアンはデカルト座標では，

$$\Delta \equiv \frac{\partial^2}{\partial x^2} + \frac{\partial^2}{\partial y^2} + \frac{\partial^2}{\partial z^2} \tag{A.8}$$

と書かれるが，もともとはナブラ同士の内積演算 $\nabla \cdot \nabla$ から計算されるもの

なので，座標系ごとにその具体的な表式が異なることに注意が必要である。例えば，球座標では，

$$\nabla \equiv \vec{e}_r \frac{\partial}{\partial r} + \vec{e}_\theta \frac{\partial}{r\partial \theta} + \vec{e}_\varphi \frac{\partial}{r sin\theta \partial \varphi}$$

であるから，ラプラシアンは，

$$\Delta \equiv \nabla \cdot \nabla = \left(\vec{e}_r \frac{\partial}{\partial r} + \vec{e}_\theta \frac{\partial}{r\partial \theta} + \vec{e}_\varphi \frac{\partial}{r sin\theta \partial \varphi} \right) \cdot \left(\vec{e}_r \frac{\partial}{\partial r} + \vec{e}_\theta \frac{\partial}{r\partial \theta} + \vec{e}_\varphi \frac{\partial}{r sin\theta \partial \varphi} \right)$$

の演算を実行して，

$$\Delta = \frac{1}{r^2} \frac{\partial}{\partial r} \left(r^2 \frac{\partial}{\partial r} \right) + \frac{1}{r^2 sin\theta} \frac{\partial}{\partial \theta} \left(sin\theta \frac{\partial}{\partial \theta} \right) + \frac{1}{r^2 sin^2\theta} \frac{\partial^2}{\partial \varphi^2} \qquad (A.9)$$

となる。この式が，（A.8）式よりずっと複雑に見えるのは，計算の過程で $\vec{e}_r$ 他の基底ベクトルが (r, θ, φ) に依存することを考慮したためである。例えば，球座標では対蹠点で $\vec{e}_r$ の向きが反転することから分かるように，一般に曲線座標では基底ベクトルの座標成分微分は必ずしも零にはならない。デカルト座標のラプラシアンが（A.8）式のように簡単になるのは，デカルト座標は基底ベクトルが空間のどの点でも同じになるという（特殊な）性質を持っているからである。初学者の中には，球座標のラプラシアンをデカルト座標のそれから類推して，

$$\frac{\partial^2}{\partial r^2} + \frac{\partial^2}{\partial \theta^2} + \frac{\partial^2}{\partial \varphi^2} \quad \text{や} \quad \frac{\partial^2}{\partial r^2} + \frac{1}{r^2} \frac{\partial^2}{\partial \theta^2} + \frac{1}{r^2 sin^2\theta} \frac{\partial^2}{\partial \varphi^2}$$

と書く人がいるが，これらは誤りである。特に前者については，次元すら合っていない（角度は無次元）ことに早い段階で気づくべきである。

　ラプラシアンの説明が長くなったが，組み合わせ演算子に話を戻そう。三番目と四番目の演算結果は恒等的に零になる。それに伴い，

$$div\vec{A} = 0 \iff \vec{A} = rot\vec{B} \qquad (A.10)$$

$$rot\vec{A} = 0 \iff \vec{A} = grad\,f \qquad (A.11)$$

141

が成り立つことも知られている（⟺ は「同値」を意味している）。右から左は $div \cdot rot = rot \cdot grad = 0$ より自明だが，左から右の証明はそう自明でもないので，この機会に各自で確認してみることをお奨めする。

五番目の組み合わせは，例えばデカルト座標で微分演算を実行してみれば分かるように，

$$rot \cdot rot = grad \cdot div - div \cdot grad = grad \cdot div - \Delta \qquad (A.12)$$

となり，一番目と二番目の組み合わせ演算子の差で与えられる。一番目が出てきたら，その都度それを解析的，あるいは，数値的に正しく評価する他ない。

Column 5　　　　　　発散定理とプリンキピア

　主著『自然哲学の数学的諸原理（プリンキピア）』の執筆に当たって，ニュートンが悩んだ問題の一つに，「一様密度の球殻による重力」すなわち「球殻定理」が挙げられる。球殻定理は，「一様球殻はその内側に重力を及ぼせない」と主張するが，ガウスの発散定理を知っていれば，問題の対称性から「球殻の外側では球殻の全質量と等しい質量を持つ質点が球の中心にある場合の重力と同じになるが，球殻自身はその内側に重力を及ぼせない」ことが，例えば本書を読んだ学部生にも比較的容易に理解できるだろう。しかし，ガウスより百数十年早く生まれたニュートンにとってこの問題は自明ではなく，万有引力という人類初の重力理論を生み出しつつあった十七世紀後半の物理学の世界では第一級の問題でもあった。悩んだ末にニュートンは，幾何学の定理を連ねてこの問題を証明した。しかし，このためにプリンキピアの出版が数年遅れたとされている。この逸話で改めてニュートンの非凡さと共に，学説の提唱者には完結性が強く求められることに気づかされる。

付録B　軸性ベクトルと極性ベクトル

　物理学では，特殊な場合を除き，通常すべての方程式が右手系で表わされ，本書もそれにならっている。

　右手系に空間反転を施せば左手系に移ることができ，このとき電場 $\vec{E}$ はその向きを変えない。ところが，磁束密度 $\vec{B}$ は向きが反転してしまうことから，電場は「極性ベクトル」，磁場は「軸性ベクトル」とされ，さらに軸性ベクトルは「擬ベクトル」と呼ばれることもある。擬ベクトルと言うと，何やら実体を持たないベクトルであるかのように聞こえるが，どちらもれっきとした「ベクトル」である。

　極性ベクトルは「矢印の向き」で定義されたベクトルであるが，軸性ベクトルは「回転の向き」で定義されたベクトルである。空間反転を始めとする座標変換で，軸性ベクトルの矢印の向きは確かに変化するが，回転の向きは，極性ベクトルの矢印の向きと同様，座標変換に対して不変である。

　これを「テンソル」の言葉を使って言い換えると，極性ベクトルは一階のテンソルであるのに対し，軸性ベクトルは二階の反対称テンソルをベクトル表記したものと考えることができる。二階の反対称テンソルそのものは座標変換に対して不変であるから，軸性ベクトルの回転の向きが不変になるのもけだし当然である。

波動と拡散〜その一般解

一次元の波動方程式は,

$$\frac{\partial^2 \varphi}{\partial t^2} = c^2 \frac{\partial^2 \varphi}{\partial x^2} \tag{C.1}$$

と書ける。ここで, φ は波動方程式に従う任意の物理量, 例えば, 波の変位などであると思えばよく, c は速度の次元を持ち時刻 t, および, 空間座標 x に依らない数である。また (C.1) 式の一般解は, 任意の一次元関数 f, g を用いて,

$$\varphi(x, t) = f(x - ct) + g(x + ct) \tag{C.2}$$

と表わせる。

波動方程式 (C.1) 式の一般解が (C.2) 式で表わせることを, 変数分離とフーリエ級数を用いて示してみよう。

今, (C.1) 式の解である $\varphi(x, t)$ が, 次のように時刻 t だけの関数 $p(t)$ と空間座標 x だけの関数 $q(x)$ の積で書けるとする。

$$\varphi(x, t) = p(t)q(x) \tag{C.3}$$

(C.3) 式を元の (C.1) 式に代入すれば,

$$\frac{d^2 p}{dt^2} q = c^2 p \frac{d^2 q}{dx^2} \tag{C.4}$$

を得る。この式の両辺を φ すなわち pq で割ると，

$$\frac{1}{p}\frac{d^2p}{dt^2} = \frac{c^2}{q}\frac{d^2q}{dx^2} \tag{C.5}$$

となる。（C.5）式の左辺は時刻 t だけの，右辺は x 座標だけの関数になっているので，これでうまく変数分離ができた。独立変数 t と x がそれぞれ勝手に変わっても（C.5）式が常に成り立つためには，両辺が共に同じ数，しかも t にも x にも依らない数 $-K$ に等しくなければならない。この変数分離定数 $-K$ を用いて（C.5）式は，

$$\frac{d^2p}{dt^2} = -Kp \tag{C.6}$$

$$\frac{d^2q}{dx^2} = -\frac{K}{c^2}q \tag{C.7}$$

の二つの式に分けられる。ここで K は零でないとして，それぞれの基本解を $p = e^{-i\omega t}$，$q = e^{ikx}$ とすれば，波の角周波数 ω と波数 k の間に，

$$\omega = \pm ck \tag{C.8}$$

の関係があることが分かる。したがって，（C.1）式の基本解は，

$$e^{ik(x-ct)}, e^{ik(x+ct)} \tag{C.9}$$

の二つである。このように，二階の線形偏微分方程式である（C.1）式は二つの線型独立解を持ち，その一般解はそれらの線形結合で表わされる。

　以上より，（C.1）式の一般解は，任意定数 A_k および B_k を用いて，

$$\varphi(x,t) = A_k e^{ik(x-ct)} + B_k e^{ik(x+ct)} \tag{C.10}$$

と書ける。ここで任意定数に添字 k を付したのは，これらの定数が波数 k の波の複素振幅を表わす量であり，波数 k 毎に変わりうるからである。したがって，（C.10）式をさらに波数 k で重ね合わせた解

$$\varphi(x,t) = \sum_k \left\{ A_k e^{ik(x-ct)} + B_k e^{ik(x+ct)} \right\} \qquad (C.11)$$

が（C.1）式の一般解となる。

（C.11）式を見てみると，右辺第 1 項は引数 $x - ct$ を持つ一次元関数 f の，第 2 項は引数 $x + ct$ を持つ関数 g の複素フーリエ級数展開になっている。つまり，関数 f, g がよほど性質の悪い一次元関数でない限り，すなわち，フーリエ級数展開可能な関数であれば，一次元波動方程式（C.1）の一般解は（C.2）式で与えられる。

また，c が波の「位相速度」であることを思い出せば，確かに（C.2）式は進行波と後退波の和になっている。

それでは，一次元電磁場拡散の一般解はどんな形になるのだろう？

（C.1）式の代わりに，電場 E に関する以下の方程式

$$\frac{\partial E}{\partial t} = \frac{1}{\sigma\mu} \frac{\partial^2 E}{\partial z^2} \qquad (C.12)$$

を解いてみよう。

電磁場の時間変化が正弦的であるとして，$E \propto e^{-i\omega t}$ と仮定すると，

$$\frac{\partial^2 E}{\partial z^2} = -i\omega\sigma\mu E \qquad (C.13)$$

この式の基本解は，

$$e^{\alpha z}, e^{-\alpha z} \qquad (C.14)$$

の二つで α は，

$$\alpha^2 = -i\omega\sigma\mu \qquad (C.15)$$

を充たす。したがって，（C.13）式の一般解は，任意定数 A, B を用いて，

$$E = A e^{\alpha z} + B e^{-\alpha z} \qquad (C.16)$$

と表わせる。すなわち，E は z 方向に増大する成分と減少する成分の和で書

ける。また，α は長さの逆数の次元を持ち，具体的に書き下すと，

$$\alpha = \sqrt{\frac{\omega\sigma\mu}{2}}\,(1-i) = \frac{1-i}{\delta} \qquad\text{（C.17）}$$

となるので，α の実部の逆数 $\delta = \sqrt{2/\omega\sigma\mu}$ は，電気伝導度が σ の媒質中で距離と共に増大，あるいは，減少する電磁場に対して長さの尺度を与える。すなわち，α は電気伝導度が σ である媒質中の複素電磁波数であり，δ だけ媒質中を進むと電磁場の振幅は e 倍または e 分の 1 になる。それと同時に，電磁場の位相も進んだ距離の分だけ変化し，δ の π 倍移動すると反転する。

付録 D

ロウズ半径

磁束密度 $\vec{B}$ により単位体積の真空中に蓄えられているエネルギー e_B は,

$$e_B = \frac{\left|\vec{B}\right|^2}{2\mu_0} \tag{D.1}$$

である。これを半径 r の球面上で積分して球の表面積で割れば,

$$E_B = \frac{1}{2\mu_0}\frac{1}{4\pi}\int_0^\pi d\theta \int_0^{2\pi} d\varphi \cdot \left|\vec{B}\right|^2 \sin\theta \tag{D.2}$$

が,その球面上での磁場エネルギー密度の平均値となる。ここで,$\vec{B}$ が内部磁場だけからなるスカラーポテンシャル場であり,そのポテンシャル自身は（2.19）式で与えられる場合には,（2.19）式を微分して $\vec{B}$ を求め（D.2）式に代入すると,

$$2\mu_0 E_B = \sum_{n=1}^\infty (n+1)\left(\frac{a}{r}\right)^{2n+4} \sum_{m=0}^n [(g_n^m)^2 + (h_n^m)^2] \tag{D.3}$$

が得られる。この式の右辺に登場する次数 n に関する級数の各項

$$M_n(r) = (n+1)\left(\frac{a}{r}\right)^{2n+4} \sum_{m=0}^n [(g_n^m)^2 + (h_n^m)^2] \tag{D.4}$$

が §2-4 で述べたマウエルスバーガースペクトルに他ならない。また,半

148

径 a （例えば，対象とする磁化天体の平均半径）におけるマウエルスバーガースペクトル $M_n(a)$ と任意の半径 r でのそれ $M_n(r)$ との間には，

$$M_n(r) = \left(\frac{a}{r}\right)^{2n+4} M_n(a) \tag{D.5}$$

の関係があることも分かる。

図 2-2 が我々に教えてくれるのは，ある次数 n の範囲で

$$log_{10}M_n(r) = -\alpha \cdot n + \beta \tag{D.6}$$

が経験的に成り立ち，その傾きがそれぞれの磁場の源に対応する，ということである。したがって，（D.6）式を用いて観測スペクトルから傾き α を決定し，以下の二点，

① ある半径 r_L で $M_n(r_L)$ は白色雑音になる，すなわち，すべての n に対して $M_n(r_L)$ は一定。
② その半径までは磁場は幾何減衰しかしない，すなわち，半径 a から半径 r_L までの間に電流は流れていない。

を仮定すると，

$$r_L = 10^{-\alpha/2} \cdot a \tag{D.7}$$

が得られる。この r_L は，Lowes（1974）により考案された傾き α に対応する磁場の等価電琉球半径であり，ロウズ半径と呼ばれる。

付録 **E**

TE モードと TM モード

今，電磁場の時間変化が正弦波的である（$\vec{E}, \vec{B} \propto e^{-i\omega t}$）として，マックスウェル方程式の内，（1.1）式と（1.2）式をデカルト座標で書き下すと，

$$\frac{\partial E_z}{\partial y} - \frac{\partial E_y}{\partial z} = -i\omega\mu H_x \tag{E.1}$$

$$\frac{\partial E_x}{\partial z} - \frac{\partial E_z}{\partial x} = -i\omega\mu H_y \tag{E.2}$$

$$\frac{\partial E_y}{\partial x} - \frac{\partial E_x}{\partial y} = -i\omega\mu H_z \tag{E.3}$$

および，

$$\frac{\partial H_z}{\partial y} - \frac{\partial H_y}{\partial z} = (\sigma + i\omega\varepsilon)E_x \tag{E.4}$$

$$\frac{\partial H_x}{\partial z} - \frac{\partial H_z}{\partial x} = (\sigma + i\omega\varepsilon)E_y \tag{E.5}$$

$$\frac{\partial H_y}{\partial x} - \frac{\partial H_x}{\partial y} = (\sigma + i\omega\varepsilon)E_z \tag{E.6}$$

を得る。ここで，三つの線形構成則（1.5）～（1.7）式を用いた。今，x 方向に電磁場が空間的に変化しない，すなわち，$\partial/\partial x \to 0$ とすると，（E.1）～（E.6）式は，

$$\frac{\partial E_z}{\partial y} - \frac{\partial E_y}{\partial z} = -i\omega\mu H_x \qquad (\text{E.1})$$

$$E_y = \frac{1}{\sigma + i\omega\varepsilon}\frac{\partial H_x}{\partial z} \qquad (\text{E.7})$$

$$E_z = -\frac{1}{\sigma + i\omega\varepsilon}\frac{\partial H_x}{\partial y} \qquad (\text{E.8})$$

および,

$$\frac{\partial H_z}{\partial y} - \frac{\partial H_y}{\partial z} = (\sigma + i\omega\varepsilon)E_x \qquad (\text{E.4})$$

$$H_y = \frac{i}{\omega\mu}\frac{\partial E_x}{\partial z} \qquad (\text{E.9})$$

$$H_z = -\frac{i}{\omega\mu}\frac{\partial E_x}{\partial y} \qquad (\text{E.10})$$

の二つの組に分かれる。どちらの組も,E_x か H_x が分かれば,残りの電磁場成分はそれらの空間微分によって与えられる。σ に比べて $\omega\varepsilon$ が無視できる場合が天体内部電磁誘導の,その逆の場合が電磁波の導波管モードに対応する。天体内部電磁誘導問題では,(E.1),(E.7),(E.8) の組を TM モード,(E.4),(E.9),(E.10) の組を TE モードと呼んでいる。

自然電磁場変動の
エネルギースペクトル

　周波数解析では，$1/f^0$ に比例するスペクトルを，色に例えて「白」と呼び慣らわす。この白色雑音以外にも色の名前がついたスペクトルはあり，両対数グラフ上での傾きが -2，すなわち，$1/f^2$ に比例するスペクトルを「赤（レッド）」，$1/f^1$ に比例するものを赤と白の中間で「桃（ピンク）」スペクトルと呼ぶ。これらべき乗則に従うスペクトルは実際に自然界に多数存在し，例えばお腹の中の赤ちゃんが聞いている音が，$1/f^0$ に比例する白色雑音であることはよく知られている。

　桃色スペクトルは「揺らぎスペクトル」とも呼ばれ，自然界には非常に多く見られる。例を挙げれば，人の心拍間隔，電車やろうそくの炎の揺れ，小川のせせらぎ，目の動き，ネットワーク中での情報の流れ，蛍の光り方など枚挙に暇がない。フラクタル科学では，その系が自己組織化された臨界状態あると現れる，とされている。

　赤色スペクトルの例としては，ブラウン運動のスペクトルが挙げられる。また，赤色・桃色共に弱い乱雑性を持ち，両方をまとめてフラクタルノイズと呼ぶ場合もある。

　地球の自然電磁場変動のエネルギースペクトルは赤色になり，これは電磁場の振幅スペクトルは桃色であることを意味している。このスペクトル関係は，地磁気永年変化（〜数十年）から自然オーロラ電波（AKR: Auroral Kilometric Radiation）のような電磁放射まで非常に広い帯域で成り立ち，地表で観測される電磁場が無数の不規則で過渡的な現象の重ね合わせからなっ

ていることを示唆している。

時間発展計算における陽解法と陰解法〜 CFL 条件との関係

　磁場の誘導方程式は（3.1）式で与えられるが，固体内での電磁誘導問題の場合に解くべき式は，三次元の拡散方程式，

$$\frac{\partial \vec{B}}{\partial t} = \frac{1}{\sigma \mu_0} \Delta \vec{B} \tag{G.1}$$

になる。簡単のため一次元空間で，ある磁場成分 b について（G.1）式を FTCS[*7] で差分化すると，

$$\frac{b_i^{n+1} - b_i^n}{\Delta t} = \frac{1}{\sigma \mu_0} \frac{b_{i+1}^n - 2b_i^n + b_{i-1}^n}{(\Delta x)^2} \tag{G.2}$$

である。ここで，i は x 軸上の i 番目の格子点での値を，n は n 番目の時間ステップでの値を表わしている。この計算自体は非常に軽く，求めたい次の時間ステップでの磁場成分の値 b_i^{n+1} の計算には，一つ前の時間ステップの隣り合う三つの格子点 $i+1, i, i-1$ での値があればよい。しかし，フォン・ノイマンの安定性解析（Crank and Nicolson, 1947）をこの離散化手法に施してみると，

$$\Delta t \leqq \sigma \mu_0 (\Delta x)^2 / 2 \tag{G.3}$$

---

*7　Forward in Time and Centered difference in Space の略。時間については前進差分を，空間については中心差分を取る離散化法を指す。

という条件が出てくる。物理的には，格子点間隔 Δx を磁場が拡散するのに要する時間の半分より，時間の刻み幅（時間ステップ）を小さくしなければ安定に数値計算できないことを意味する。この条件を，CFL 条件（Courant-Friedrichs-Lewy Condition）と呼ぶ。また，この条件を充たしながら（G.2）式を解く方法を，陽解法（explicit method）と呼んでいる。この方法で空間分解能をあげよう（Δx を小さくしよう）とすると，それに伴って Δt も小さくしなければならないし，電磁場拡散の問題の場合には σ も場所の関数なので，全計算領域で（G.3）式を充たそうとすると，最も小さい σ に合わせて Δt を決めなければならない。したがって，非常に小さな Δt を使って非常に長い時間の計算をすることになり，膨大な CPU 時間が必要になる。

　この困難を回避するため考案されたのが「陰解法」である。

　（G.2）式の代わりに，次のような離散化（クランク・ニコルソン法）を考えよう。

$$\frac{b_i^{n+1} - b_i^n}{\Delta t} = \frac{1}{\sigma\mu_0} \frac{(b_{i+1}^{n+1} - 2b_i^{n+1} + b_{i-1}^{n+1}) + (b_{i+1}^n - 2b_i^n + b_{i-1}^n)}{2(\Delta x)^2} \quad (\text{G.4})$$

何やら複雑になったが，左辺は（G.2）式とまったく変わらず，右辺の空間中心差分が，n 番目の時間ステップにおけるものから，$(n+1)$ 番目の時間ステップとの平均値に置き換わっただけである。ただし，この変更により未知数が，b_i^{n+1} の一つだけだったものから，$b_{i+1}^{n+1}, b_i^{n+1}, b_{i-1}^{n+1}$ の三つに増える。そうなると，各格子点での計算で済んだ（G.2）式とは違って，（G.4）式を解くには全計算領域にわたって b^{n+1} についての連立方程式を解かなければならなくなる。この計算は，（G.2）式よりはるかに重くなる。しかしその結果，時間発展の刻み幅 Δt をどんなに大きくしても（G.4）式は安定になる。

　一体なぜだろうか？

　一言で言えば，（G.3）式の Δx が，陰解法では全計算領域の幅 L に置き換わるからである。したがって，Δt を事実上無限に大きくしても，（G.4）式の安定性は実効上保たれる。

　陰解法の時間方向計算精度は，手法によって異なる。後退オイラー法は一次の，ここで紹介したクランク・ニコルソン法は二次の計算精度を持ってい

155

る。ただし，クランク・ニコルソン法は，厳密には陰解法ではなく半陰解法に数値計算の分野では分類されている。また，現在最もよく利用されている陰解法はルンゲ・クッタ法であり，四次の計算精度がある。

第一種および第二種球ベッセル関数

　球ベッセル関数には，ルジャンドル陪関数と同様，第一種と第二種とがある。ここでは，第一種球ベッセル関数を単に球ベッセル関数と呼び，第二種球ベッセル関数を球ノイマン関数と呼ぶことにする。

　（5.13）式は，$x = kr$ の変数変換により，

$$\frac{d^2R}{dx^2} + \frac{2}{x}\frac{dR}{dr} + \left\{1 - \frac{n(n+1)}{x^2}\right\}R = 0 \tag{H.1}$$

の球ベッセル微分方程式に変形できる。この二階の線形常微分方程式の二つの線形独立解が，球ベッセル関数 $j_{1,n}$ と球ノイマン関数 $j_{2,n}$ であり，それらと第一種ベッセル関数 J_α の間には，

$$j_{1,n}(x) = \sqrt{\frac{\pi}{2x}}J_{n+\frac{1}{2}}(x) \tag{H.2}$$

$$j_{2,n}(x) = (-1)^{n+1}\sqrt{\frac{\pi}{2x}}J_{-n-\frac{1}{2}}(x) \tag{H.3}$$

の関係がある。すなわち，球ベッセルおよび球ノイマン関数は，正負の半整数次数第一種ベッセル関数で書き表わせる。

　また，これらを図にしたのが図 H-1 で，左が球ベッセル，右が球ノイマン関数である。球ベッセル関数が $x = 0$ で有限であるのに対し，球ノイマン関数は負の無限大に発散することがこれらの図で分かる。このため，球の中

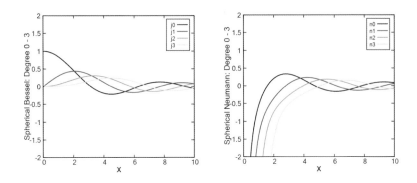

図 H-1 〔左〕$n = 0 \sim 3$ の球ベッセル関数。〔右〕同じく球ノイマン関数。

心を含む領域では，球ノイマン関数を解として採れない。ただし，球の中心を含まない球殻の場合は，この限りでない。

　ついでに，よく使われる第一種ベッセル関数の漸化式も，以下に挙げておこう。

$$J_{\alpha-1}(x) - J_{\alpha+1}(x) = 2\frac{d}{dx}J_\alpha(x) \qquad (\text{H.4})$$

$$J_{\alpha-1}(x) + J_{\alpha+1}(x) = 2\frac{\alpha}{x}J_\alpha(x) \qquad (\text{H.5})$$

レーダーの話

Radar とは "RAdio Detecting And Ranging" の略であり，もともと「電波による探知（detecting）と測距（ranging)」を目的として，第二次世界大戦中開発された。地球惑星科学分野でも広く利用されている気象レーダーの場合，使用する電波の波長により，雲を見透かすことも雲自身を見ることも，ひいては，反射エコーのドップラーシフトを利用して雲の動き（速度）を測ることもできる。

地表面あるいは上空から地下に向けて電波を発した場合は「地中レーダー」になる。今，電気伝導度 σ，誘電率 ε の半無限一様媒質中へ $e^{-i\omega t}$ の時間依存性を持つ平面電磁波が，波面と媒質面が平行になるように入射したとすると，電磁波の進行方向を z 方向として，媒質内の電磁場成分は，

$$E_x(z) = E_0\, e^{-\beta z} \tag{I.1}$$

$$B_y(z) = \frac{i\beta}{\omega} E_x \tag{I.2}$$

で与えられる。ここに，

$$\beta^2 = -i\omega\mu_0(\sigma - i\omega\varepsilon) \tag{I.3}$$

である。伝導電流と変位電流の比を，

$$\tan\delta = \sigma/\omega\varepsilon \tag{I.4}$$

で表わすと，$\tan\delta \gg 1$ の時は伝導的，逆の場合は絶縁的と考えられる。この $\tan\delta$ を誘電正接（loss tangent）と呼ぶ。

　今，目標物までの距離を R，電波の走時を Δt，媒質または真空中の光速・誘電率・透磁率をそれぞれ $c, c_0 \cdot \varepsilon, \varepsilon_0 \cdot \mu, \mu_0$ とすると，R は，

$$R = \frac{c\Delta t}{2} = \frac{\Delta t}{2\sqrt{\varepsilon\mu}} = \frac{\Delta t}{2\sqrt{\varepsilon_r \varepsilon_0 \mu_0}} = \frac{c_0 \Delta t}{2\sqrt{\varepsilon_r}} \tag{I.5}$$

で与えられる。ここに ε_r は，媒質の比誘電率である。

　しかし，一般には走時 Δt を直接測ることはせず，送信パルスに変調を施し，受信エコーには既知信号を混合する「パルス圧縮技術」を用いることにより，R を周波数解析から求める。例えば，直線型周波数変調方式の連続波（FMCW: Frequency Modulated Continuous Wave）レーダーの場合は，反射エコーを逐次フーリエ変換した時に見つかった強い反射強度に対応する周波数を f_R とした時，

$$\tau_{RX} - \tau_{LO} = f_R / \frac{df}{dt} = f_R/\dot{f} \tag{I.6}$$

という関係がある。ここに，$\dot{f} \equiv df/dt$ は送信パルスに施した直線型周波数変調の周波数増加率であり，τ_{RX} と τ_{LO} はそれぞれ反射エコーの到来時刻と既知信号を混合し始めた時刻である。衛星高度を H として $\tau_{LO} = 2H/c_0$ に取れば，R は観測波形の FFT から抽出した f_R を基に，

$$R = \frac{c_0 \Delta t}{2\sqrt{\varepsilon_r}} = \frac{c_0}{2\sqrt{\varepsilon_r}}(\tau_{RX} - \tau_{LO}) = \frac{c_0}{2\sqrt{\varepsilon_r}}\frac{f_R}{\dot{f}} \tag{I.7}$$

から求められる。（I.7）式で $\varepsilon_r = 1$ とした場合の R が，反射面の見掛け深度に対応する。

付録 J アルヴェン翼

アルヴェン翼は，無衝突プラズマ中を運動する導体に対して，Drell, Foley and Ruderman（1965）が初めて提唱した電流系である。

今，背景磁場の磁束密度を $\vec{B}$，導体の速度を $\vec{v}_C$ とすると，導体には，

$$\vec{E} = \vec{v}_C \times \vec{B} \tag{J.1}$$

の起電力が生ずる。この起電力により発生した電位差を解消すべく，磁力線方向にアルヴェン波が励起されるが，アルヴェン波速度 $v_A = |\vec{B}|/\sqrt{\mu_0 \rho_p}$ に対して，

$$\tan \alpha = \frac{|\vec{v}_C|}{v_A} = M_A \tag{J.2}$$

で与えられる角度 α が，磁力線と発生した電場のなす角になる。ここで，ρ_p はプラズマ密度，M_A はアルヴェンマッハ数である。アルヴェン翼の電流系は，$\vec{v}_C$ と $\vec{B}$ が直交している場合，導体の進行方向両側に翼が生えたように伸びるので「アルヴェン翼」と呼ばれている。

もともと Drell, Foley and Ruderman（1965）は，地球の電離圏を飛行する人工衛星に対してアルヴェン翼の存在を示唆したのだが，現在ではプラズマと相互作用する導電的ないし固有磁場を持つ天体にも伴っている（Neubauer, 1980; 1999）と考えられている。地球近傍（Chané et al., 2012）や月（Zhang et al., 2016）では実際に観測されている。

天体周りにどのようなアルヴェン翼が実際に形成されるかは，アルヴェンマッハ数だけでなく，天体から見たプラズマ流と背景磁場の向きや，プラズマが吹き付けている導体の種類によって変わり得る。大気を持つ天体は電離圏を伴うことが多いため，導体としての天体そのものと電離圏とで作られる導体系を，アルヴェン翼の形成に関わる導体として考えることになる。アルヴェンマッハ数が小さい場合には，電離圏と導体としての天体との距離が近いほど電磁誘導効果が高まり，アルヴェン翼沿いに流れる電流は小さくなる（Neubauer, 1999）。またアルヴェン翼電流は，磁気圏を伴う磁化惑星の導電的（あるいは磁化した）衛星から見て，上下する惑星プラズマシートのちょうど真ん中に衛星がいる時に最大になるが，衛星とプラズマシートの距離が増すほど，電磁誘導効果により小さくなる。

付録K 線形分散波

図 K-1 のような，水深 d の平坦な海を伝わる二次元線形分散波の解析解を求めてみよう。ただし，海水は縮まない完全流体だとする。

このような浅い水を伝わる長い波に伴う速度場 $\vec{v}$ は，「渦無し $(rot\,\vec{v} = 0)$」と考えてよいので，スカラー速度ポテンシャル Φ により，

$$\vec{v} = grad\,\Phi \qquad\qquad (K.1)$$

と書ける。さらに海水が非圧縮性流体 $(div\,\vec{v} = 0)$ であれば，Φ は，

$$\Delta\Phi = 0 \qquad\qquad (K.2)$$

を充たす調和関数になる。ただし，海水の密度は定数であるとした。

ここで，波高 η が，$\eta = Ae^{i(ky-\omega t)}$ の形であるような（K.2）式の解を探すことにする。

海面 $(z = 0)$ と海底 $(z = d)$ で，それぞれ線形な境界条件，

$$\left.\frac{\partial\Phi}{\partial z}\right|_{z=0} = \frac{\partial\eta}{\partial t} \qquad\qquad (K.3)$$

$$\left.\frac{\partial\Phi}{\partial z}\right|_{z=d} = 0 \qquad\qquad (K.4)$$

を課せば，Φ の解析解，

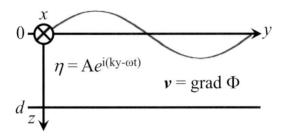

図 K-1　水深 d の平坦な海を伝わる線形分散波

$$\Phi = i\frac{\omega}{k}\frac{\cosh(k(z-d))}{\sinh(kd)}Ae^{i(ky-\omega t)} \tag{K.5}$$

を得る（g は重力加速度）。ここで，線形化されたエネルギー保存則，

$$\frac{\partial \Phi}{\partial t} - g\eta = 0 \tag{K.6}$$

を用いると，位相速度 c が，

$$c \equiv \frac{\omega}{k} = \sqrt{\frac{g}{k}\tanh(kd)} \tag{K.7}$$

のように波数 k に依存すること，すなわち，この波は弱い分散性の波動になることが分かる。

（K.3）および（K.6）式は，正確にはそれぞれ，

$$\left.\frac{\partial \Phi}{\partial z}\right|_{z=0} = \frac{d\eta}{dt} \tag{K.8}$$

$$\frac{\partial \Phi}{\partial t} - g\eta + \frac{1}{2}|\Phi|^2 = 0 \tag{K.9}$$

とすべきだが，ここではどちらも非線形項を落として線形化してある。これが，（K.5）式の分散性波動を「線形分散波」と呼ぶ理由にもなっている。

（K.7）式で $kd \ll 1$ の場合は,

$$c = \sqrt{gd} \qquad\qquad (\text{K.10})$$

となり，位相速度は波数依存性をなくし，分散性が失われる。これが線形長波である。

文献

Agarwal, A. K. and Weaver, J. T. (1989) Regional electromagnetic induction around the Indian peninsula and Sri Lanka; a three-dimensional numerical model study using the thin sheet approximation, *Physics of the Earth and Planetary Interiors, 54*, 320–331. https://doi.org/10.1016/0031-9201(89)90249-5

Alken, P., Thébault, E., Beggan, C. D., Amit, H., Aubert, J., Baerenzung, J., et al. (2021) Zhou, International Geomagnetic Reference Field: the thirteenth generation. *Earth Planets Space, 73*, 49. https://doi.org/10.1186/s40623-020-01288-x

Anderson, B. J., Johnson, C. L., Korth, H., Winslow, R. M., Borovsky, J. E., Purucker, M. E., et al.(2012) Low-degree structure in Mercury's planetary magnetic field. *Journal of Geophysical Research, 117*, E00L12. doi:10.1029/2012JE004159.

Aubaud, C., Hauri, E. H., and Hirschmann, M. M. (2004) Hydrogen partition coefficients between nominally anhydrous minerals and basaltic melts, *Geophysical Research Letters, 31*, L20611. doi:10.1029/2004GL021341.

Burlaga, L. F., Ness, N. F., Berdichevsky, D. B., Park, J., Jian, L. K., Szabo, A., et al. (2019) Magnetic field and particle measurements made by Voyager 2 at and near the heliopause. *Nature Astronomy, 3*, 1007–1012. https://doi.org/10.1038/s41550-019-0920-y

Backus, G. (1986) Poloidal and toroidal fields in geomagnetic field modeling. *Reviews of Geophysics, 24*, 75–109. https://doi.org/10.1029/RG024i001p00075

Bloxham, J., Zatman, S. and Dumberry, M. (2002) The origin of geomagnetic jerks. *Nature, 420*, 65–68. https://doi.org/10.1038/nature01134

Cande, S. C. and Kent, D. V. (1995) Revised calibration of the geomagnetic polarity timescale for the Late Cretaceous and Cenozoic. *Journal of Geophysical Research., 100(B4)*, 6093–6095. doi:10.1029/94JB03098.

Cao, H., Russell, C. T., Wicht, J., Christensen, U. R., Dougherty, M. K., (2012) Saturn's high degree magnetic moments: Evidence for a unique planetary dynamo. *Icarus, 221*, 388–394. https://doi.org/10.1016/j.icarus.2012.08.007

Chapman, S., and Bartels, J. (1940) *Geomagnetism*. Oxford University Press, Oxford.

Chané, E., Saur, J., Neubauer, F.M., Raeder, J., and Poedts, S. (2012) Observational evidence of Alfvén wings at the Earth. *Journal of Geophysical Research., 117*, A09217. doi:10.1029/2012JA017628.

Connerney, J. E. P., Acuña, M. H., and Ness, N. F. (1991) The magnetic field of Neptune. *Journal of Geophysical Research, 96(S01)*, 19023–19042. doi:10.1029/91JA01165.

167

Connerney, J. E. P. (1992) Doing more with Jupiter's magnetic field. In H.O. Rucker, S.J. Bauer, M.L. Kaiser, (Eds.), *Planetary Radio Emissions III*, (p. 13). Vienna: Österreichische Akademie der Wissenschaften.

Connerney, J. E. P., Kotsiaros, S., Oliversen, R. J., Espley, J. R., Joergensen, J. L., Joergensen, P. S., et al. (2018) A new model of Jupiter's magnetic field from Juno's first nine orbits. *Geophysical Research Letters, 45*, 2590–2596. https://doi.org/ 10.1002/2018GL077312

Connerney, J. E. P., Timmins, S., Oliversen, R. J., Espley, J. R., Joergensen, J. L., Kotsiaros, S., et al. (2022) A new model of Jupiter's magnetic field at the completion of Juno's Prime Mission. *Journal of Geophysical Research: Planets*, 127, e2021JE007055. https://doi.org/10.1029/2021JE007055

Constable, S.C., Parker, R.L. and Constable, C.G. (1987) Occam Inversion: A Practical Algorithm for Generating Smooth Models from EM Sounding Data. Geophysics, 92, 289-300. http://dx.doi.org/10.1190/1.1442303

Crank, J., and Nicolson, P. (1947) A practical method for numerical evaluation of solutions of partial differential equations of the heat conduction type. *Mathematical Proceedings of the Cambridge Philosophical Society, 43(1)*, 50–67. doi:10.1017/S0305004100023197

Dawson, T. W., and Weaver, J. T. (1979) Three-dimensional induction in a non-uniform thin sheet at the surface of a uniformly conducting earth. *Geophysical Journal International, 59*, 445–462. https://doi.org/10.1111/j.1365-246X.1979.tb02566.x

Drell, S. D., Foley, H. M., and Ruderman, M. A. (1965) Drag and propulsion of large satellites in the ionosphere: An Alfvén propulsion engine in space. *Journal of Geophysical Research, 70(13)*, 3131–3145. doi:10.1029/JZ070i013p03131.

Duling, S., Saur, J., and Wicht, J. (2014) Consistent boundary conditions at nonconducting surfaces of planetary bodies: Applications in a new Ganymede MHD model. *Journal of Geophysical Research: Space Physics*, 119, 4412–4440. doi:10.1002/2013JA019554.

Dziewonski, A. M., and Anderson, D. L. (1981) Preliminary reference Earth model. *Physics of the Earth and Planetary Interiors., 25*, 297–356. https://doi.org/ 10.1016/0031-9201(81)90046-7

Einstein, A. (1905) Über einen die Erzeugung und Verwandlung des Lichtes betreffenden heuristischen Gesichtspunkt, *Annalen der Physik 17*, 132–148.

Elsasser, W. M. (1946) Induction Effects in Terrestrial Magnetism, Part I. Theory. *Physical Review, 69(3–4)*, 106–116. doi:10.1103/PhysRev.69.106.

Euler, L. (1769) Sectio Secunda de Principiis Motus Fluidorum. *Novi Commentarii Academiae Scientiarum Imperialis Petropolitanae, 14*, 270.

Faraday, M. (1832) Experimental researches in electricity. *Philosophical Transactions of the Royal Society of London, 122*, 125–162. https://doi.org/10.1098/rstl. 1832.0006

Franz, R. and Wiedemann, G. (1853) Über die Wärme-Leitungsfähigkeit der Metalle. Ann. Phys. Chem. 165, 497–531. https://doi.org/10.1002/andp.18531650802

Fujiwara, S., and Toh, H. (1996) Geomagnetic transfer functions in Japan obtained by first order geomagnetic survey. *Journal of Geomagnetism and Geoelectricity, 48*, 1071–1101. https://www.jstage.jst.go.jp/article/jgg1949/48/8/48_8_1071/_pdf/-char/ja

Füllekrug, M., and Fraser-Smith, A. C. (2011) The Earth's electromagnetic environment. *Geophysical Research Letters, 38*, L21807. doi:10.1029/2011GL049572.

Galilei, G. (1610) *Sidereus Nuncius*. Apud Thomam Baglionum. https://doi.org/10.5479/sil.95438.39088015628597

Gauss, C. F. (1839) Allgemeine Theorie des Erdmagnetismus. In C. F. Gauss, and W. Weber (Eds.), *Re-sultate aus den Beobachtungen des magnetischen Vereins im Jahre 1838* (pp.1–57). Leipzig: Wei-dmannsche Buchhandlung,.

Genova, A., Goossens, S., Mazarico, E., Lemoine, F.G., Neumann, G.A., Kuang, W., et al. (2019) Geodetic Evidence That Mercury Has A Solid Inner Core. *Geophysical Research Letters, 46(7)*, 3625–3633. doi: 10.1029/2018GL081135

Gilbert, W. (1600) *De Magnete*. London: Peter Short.

Gillet, N., Jault, D., Canet, E., and Fournier, A. (2010) Fast torsional waves and strong magnetic field within the Earth's core. *Nature, 465*, 74–77. https://doi.org/10.1038/nature09010

Glatzmaier, G. and Roberts, P. (1995) A three-dimensional self-consistent computer simulation of a geomagnetic field reversal. *Nature, 377*, 203–209. https://doi.org/10.1038/377203a0

Goto, T., Wada, Y., Oshiman, N., and Sumitomo, N. (2005) Resistivity structure of a seismic gap along the Atotsugawa fault, Japan. *Physics of the Earth and Planetary Interiors., 148*, 55–72. https://doi.org/10.1016/j.pepi.2004.08.007

Hamano, Y. (2002) A new time-domain approach for the electromagnetic induction problem in a three-dimensional heterogeneous earth. *Geophysical Journal International, 150*, 753–769. https://doi.org/10.1046/j.1365-246X.2002.01746.x

Harder, H., and Schubert, G. (2001) Sulfur in Mercury's Core? *Icarus, 151 (1),* 118–122. doi: 10.1006/icar.2001.6586

Hauck II, S. A., Margot, J-L., Solomon, S.C., Phillips, R.L., Johnson, C.L., Lemoine, F.G., et al. (2013) The curious case of Mercury's internal structure. *Journal of Geophysical Research: Planets, 118*, 1204–1220. doi: 10.1002/jgre.20091.

Herbert, F. (2009) Aurora and magnetic field of Uranus. *Journal of Geophysical Research, 114*, A11206. doi: 10.1029/2009JA014394.

Hirayama, M. (1934) On the relations between the variations of Earth potential gradient and terrestrial magnetism. *Journal of the Meteorological Society of Japan Ser. II, 12(1)*, 16–22 (in Japanese with English abstract). https://www.jstage.jst.

go.jp/article/jmsj1923/12/1/12_1_16/_pdf

Hirschmann, M. (2006) Water, Melting, and the Deep Earth H_2O Cycle. *Annual Review of Earth and Planetary Sciences, 34*, 629–653. https://doi.org/10.1146/annurev.earth.34.031405.125211

Hirth, G., and Kohlstedt, D. L. (1996) Water in the oceanic upper mantle: implications for rheology, melt extraction and the evolution of the lithosphere. *Earth and Planetary Science Letters, 144*, 93–108. https://doi.org/10.1016/0012-821X(96)00154-9

Hongo, K., Toh, H., and Kumamoto, A. (2020) Estimation of bulk permittivity of the Moon's surface using Lunar Radar Sounder on-board Selenological and Engineering Explorer. *Earth Planets Space, 72*, 137. https://doi.org/10.1186/s40623-020-01259-2

Ichiki, M., Baba, K., Toh, H. and Fuji-ta, K. (2009) An overview of electrical conductivity structures of the crust and upper mantle beneath the northwestern Pacific, the Japanese Islands, and continental East Asia. *Gondwana Research, 16(3–4)*, 545–562. doi: 10.1016/j.gr.2009.04.007

Inoue, T., Yurimoto, H., and Kudoh, Y. (1995) Hydrous modified spinel, Mg1.75SiH0.5O4: a new water reservoir in the mantle transition region. *Geophysical Research Letters, 22*, 117–120. https://doi.org/10.1029/94GL02965

Iwamori, H. (1998) Transportation of H_2O and melting in subduction zones. *Earth and Planetary Science Letters, 160(1–2)*, 65–80. doi: 10.1016/S0012-821X(98)00080-6

Jacobs, J. A., Kato, Y., Matsushita, S., and Troitskaya, V. A. (1964) Classification of geomagnetic micropulsations. *Journal of Geophysical Research, 69(1)*, 180–181. doi:10.1029/JZ069i001p00180.

Jia, X., Walker, R., Kivelson, M., Khurana, K., and Linker, J. (2009) Properties of Ganymede's magnetosphere inferred from improved three-dimensional MHD simulations. *Journal of Geophysical Research, 114*, A09209. doi:10.1029/2009JA014375.

Johnson, C. L., Philpott, L. C., Anderson, B. J., Korth, H., Hauck, S. A., II, Heyner, D.,et al. (2016) MESSENGER observations of induced magnetic fields in Mercury's core. *Geophysical Research Letters, 43(6)*, 2436–2444. doi: 10.1002/2015GL067370

Karato, S., and Jung, H. (1998) Water, partial melting and the origin of the seismic low velocity and high attenuation zone in the upper mantle. *Earth and Planetary Science Letters, 157*, 193–207. https://doi.org/10.1016/S0012-821X(98)00034-X

Katsura, T., Shimizu, H., Momoki, N., and Toh, H. (2021) Electromagnetic induction revealed by MESSENGER's vector magnetic data: The size of mercury's core. *Icarus, 354*, 114112. https://doi.org/10.1016/j.icarus.2020.114112

Kelbert A., Egbert, G.D., and Schultz, A. (2008) Non-linear conjugate gradient inversion for global EM induction: resolution studies. *Geophysical Journal International, 173*,

365–381. https://doi.org/10.1111/j.1365-246X.2008.03717.x

Khurana, K. K. (1997) Euler potential models of Jupiter's magnetospheric field. *Journal of Geophysical Research, 102(A6)*, 11295–11306. doi:10.1029/97JA00563.

Khurana, K., Kivelson, M., Stevenson, D. Schubert, G., Russell, C. T., Walker, R. J., and Polanskey, C. (1998) Induced magnetic fields as evidence for subsurface oceans in Europa and Callisto. *Nature, 395*, 777–780. https://doi.org/10.1038/27394

Kivelson, M. G., Khurana, K. K., Russell, C. T., Walker, R. J., Warnecke, J., Coroniti, F. V., et al. (1996) Discovery of Ganymede's magnetic field by the Galileo spacecraft. *Nature, 384*, 537–541. https://doi.org/10.1038/384537a0

Kuskov, O. L., and Kronrod, V. A. (2005) Internal structure of Europa and Callisto. *Icarus, 177(2)*, 550–569. 10.1016/j.icarus.2005.04.014

Kuvshinov, A. V. (2008) 3-D Global Induction in the Oceans and Solid Earth: Recent Progress in Modeling Magnetic and Electric Fields from Sources of Magnetospheric, Ionospheric and Oceanic Origin. *Surveys in Geophysics, 29*, 139–186. https://doi.org/10.1007/s10712-008-9045-z

Lamy, L., Prangé, R., Hansen, K. C., Clarke, J. T., Zarka, P., Cecconi, B., et al.(2012) Earth-based detection of Uranus' aurorae. *Geophysical Research Letters, 39*, L07105. doi:10.1029/2012GL051312.

Larsen, J. C. (1971) The electromagnetic field of long and intermediate water waves. *Journal of Marine Research, 29*, 28–45. http://images.peabody.yale.edu/publications/jmr/jmr29-01-04.pdf

Larsen, J. C., and Sanford, T. B. (1985) Florida current volume transports from voltage measurements. *Science, 227*, 302–304. doi: 10.1126/science.227.4684.302.

Law, L. K. and Greenhouse J. P. (1981) Geomagnetic variation sounding of the asthenosphere beneath the Juan de Fuca Ridge. *Journal of Geophysical Research, 86*, 967–978. https://doi.org/10.1029/JB086iB02p00967

Lawrence, J. D., Feldman, W. C., Elphic, R. C., Little, R., Prettyman, T., Maurice, S., et al. (2002) Iron abundaces on the lunar surface as measured by the Lunar Prospector gamma-ray and neutron spectrometers. *Journal of Geophysical Research: Planets, 107(E12)*, 5130. https://doi.org/10.1029/2001je001530

Le Mouël, J.-L., Ducruix, J., and Ha Duyen, C. (1982) The worldwide character of the 1969-1970 impulse of the secular acceleration rate. *Physics of the Earth and Planetary Interiors., 28*, 337–350. https://doi.org/10.1016/0031-9201(82)90090-5

Lizarralde, D., Chave, A., Hirth, G., and Schultz, A. (1995) Northeastern Pacific mantle conductivity profile from long-period magnetotelluric sounding using Hawaii-to-California submarine cable data. *Journal of Geophysical Research., 100*. doi: 10.1029/95JB01244.

Lowes, F.J. (1974) Spatial power spectrum of the main geomagnetic field, and extrapolation to the core. *Geophysical Journal International, 36*, 717–730.

Matsushita, S. (1967) Solar quiet and lunar daily variation fields. In S. Matsushita and W. H. Campbell (Eds.), *Physics of Geomagnetic Phenomena* (pp. 301–424). New York: Academic Press.

Matuyama. M. (1929) On the direction of magnetisation of basalt in Japan, Tyosen and Manchuria. *Proceedings of the Imperial Academy Japan, 5*, 203–205.

Mauersberger, P. (1956) Das Mittel der Energiedichte des geomagnetischen Hauptfeldes an der Erdoberflaeche und seine saekulare Aenderung, Gerlands Beitr. *Geophys., 65*, 207–215.

McGrath, M. A., Jia, X., Retherford, K., Feldman, P. D., Strobel, D. F., and Saur, J. (2013) Aurora on Ganymede. *Journal of Geophysical Research:. Space Physics, 118*, 2043–2054. doi: 10.1002/jgra.50122.

McKirdy, D. McA., Weaver, J. T., and Dawson, T. W. (1985) Induction in a thin sheet of variable conductance at the surface of a stratified earth — II. Three-dimensional theory. *Geophysical Journal International, 80*, 177–194. https://doi.org/10.1111/j.1365-246X.1985.tb05084.x

Mie, G. (1908) Beiträge zur Optic trüber Medien, speziell kolloidaler Metallösungen. Ann. Phys., 25, 377-445. doi: 10.1002/andp.19083300302.

Minami, T., Toh, H., and Tyler, R. H. (2015) Properties of electromagnetic fields generated by tsunami first arrivals: Classification based on the ocean depth. *Geophysical Research Letters, 42*, 2171–2178. doi: 10.1002/2015GL063055.

Minami, T., Utsugi, M., Utada, H., Kagiyama, T., and Inoue, H. (2018) Temporal variation in the resistivity structure of the first Nakadake crater, Aso volcano, Japan, during the magmatic eruptions from November 2014 to May 2015, as inferred by the ACTIVE electromagnetic monitoring system. *Earth Planets Space 70, 138*. https://doi.org/10.1186/s40623-018-0909-2

Minami, T., Toh, H., Ichihara, H., and Kawashima, I. (2017) Three-dimensional time domain simulation of tsunami-generated electromagnetic fields: Application to the 2011 Tohoku earthquake tsunami. *Journal of Geophysical Research: Solid Earth, 122*, 9559–9579. https://doi.org/10.1002/2017JB014839

Minami, T., Schnepf, N. R., and Toh, H. (2021) Tsunami-generated magnetic fields have primary and secondary arrivals like seismic waves. *Scientific Reports, 11*, 2287. https://doi.org/10.1038/s41598-021-81820-5

Neubauer, F. (1980) Nonlinear standing Alfvén wave current system at Io: Theory. *Journal of Geophysical Research., 85(A3)*, 1171–1178, doi:10.1029/JA085iA03p01171.

Neubauer, F.M. (1999) Alfvén wings and electromagnetic induction in the interiors: Europa and Callisto. *Journal of Geophysical Research., 104(A12)*, 28671–28684, doi:10.1029/1999JA900217.

Nolasco, R., Soares, A., Dias, J. M., Monteiro Santos, F. A., Palshin, N. A., Represas, P., and Vaz, N. (2006) Motional induction voltage measurements in estuarine environments: the Ria de Aveiro lagoon (Portugal). *Geophysical Journal International, 166*, 126–134. https://doi.org/10.1111/j.1365-246X.2006.02936.x

Ogg, J. G. (2020) Geomagnetic polarity time scale. In F. M. Gradstein, et al. (Eds.) *The Geologic Time Scale* (pp. 85–113). New York: Elsevier.

Ohta, K., Kuwayama, Y., Hirose, K., Shimizu, K., and Ohishi, Y. (2016) Experimental determination of the electrical resistivity of iron at Earth's core conditions. *Nature, 534*, 95–98. https://doi.org/10.1038/nature17957

Olhoeft, G. R., and Strangway, D. (1975) Dielectric properties of the first 100 meters of the moon. *Earth and Planetary Science Letters, 24*, 394–404. https://doi.org/10.1016/0012-821X(75)90146-6

Ono, T., Kumamoto, A., Yamaguchi, Y., Yamaji, A., Kobayashi, T., Kasahara, Y., and Oya, H. (2008) Instrumentation and observation target of the lunar radar sounder (LRS) experiment on-board the SELENE spacecraft. *Earth Planets Space, 60(4)*, 321–332 https://doi.org/10.1186/BF03352797

Ono, T., Kumamoto, A., Nakagawa, H., Yamaguchi, Y., Oshigami, S., Yamaji, A., et al. (2009) Lunar radar sounder observations of subsurface layers under the nearside maria of the moon. *Science, 323(5916)*, 909–912. doi: 10.1126/science.1165988

Packard, M., and Varian, R. (1954) *Physical Review, 93*, 941.

Paganini, L., Villanueva, G.L., Roth, L., Mandell, A. M., Hurford, T. A., Retherford, K. D., and Mumma, M. J. (2020) A measurement of water vapour amid a largely quiescent environment on Europa. *Nature Astronomy, 4*, 266–272. https://doi.org/10.1038/s41550-019-0933-6

Parker, R. L., and Booker, J. R. (1996) Optimal one-dimensional inversion and bounding of magnetotelluric apparent resistivity and phase measurements. *Physics of the Earth and Planetary Interiors, 98*, 269–282. https://doi.org/10.1016/S0031-9201(96)03191-3

Parkinson, W. D. (1962) The Influence of Continents and Oceans on Geomagnetic Variations. *Geophysical Journal International, 6(4)*, 441–449. https://doi.org/10.1111/j.1365-246X.1962.tb02992.x

Parkinson, W. D. (1983) *Introduction to Geomagnetism*. Scottish Academic Press, Edinburgh, pp. 433, ISBN 0707302927

Phillips, R., Adams, G., Brown, Jr. W., Eggleton, R., Jackson, P., Jordan, R., et al. (1973) Apollo lunar sounder experiment. In *Apollo 17 preliminary science report (NASA SP-330)* (Section 22, pp 1–26). https://www.hq.nasa.gov/alsj/a17/as17psr.pdf

Picardi, G., Plaut, J. J., Biccari, D., Bombaci, O., Calabrese, D., Cartacci, M., et al. (2005) Radar soundings of the subsurface of Mars. *Science, 310(5756)*, 1925–1928. doi: 10.1126/science.1122165

Porco, C. C., Helfenstein, P., Thomas, P. C., Ingersoll, A. P., Wisdom, J., West, R., et al. (2006) Squyres, Cassini observes the active south pole of Enceladus. *Science, 311*, 1393–1401. 10.1126/science.1123013pmid:16527964

Pozzo, M., Davies, C., Gubbins, D. and Alfè, D. (2012) Thermal and electrical conductivity of iron at Earth's core conditions. *Nature, 485*, 355–358. https://doi.org/10.1038/nature11031

Price, A. T. (1949) The induction of electric currents in non-uniform thin sheets and shells. *The Quarterly Journal of Mechanics and Applied Mathematics, 2*, 283–310. https://doi.org/10.1093/qjmam/2.3.283

Raiche, A. P. (1974) An Integral Equation Approach to Three-Dimensional Modelling. *Geophysical Journal International, 36*, 363–376. https://doi.org/10.1111/j.1365-246X.1974.tb03645.x

Rasson, J. L., Toh, H., and Yang, D. (2011) The global geomagnetic observatory network. In Mandea, M. and Korte, M. (Eds.) *Geomagnetic Observations and Models (IAGA Special Sopron Book Series, vol. 5, pp. 1–25)*, Heidelberg: Springer. doi: 10.1007/978-90-481-9858-0_1

Ribaudo, J. T., Constable, C. G., and Parker, R. L. (2012) Scripted finite element tools for global electromagnetic induction studies. *Geophysical Journal International, 188*, 435–446. doi: 10.1111/j.1365-246X.2011.05255.x

Rikitake, T., and Yokoyama, I. (1955) The Anomalous Behaviour of Geomagnetic Variations of Short Period in Japan and Its Relation to the Subterranean Structure. The 6th report. : The results of further observations and some considerations concerning the influences of the sea on geomagnetic variations. *Bulletin of the Earthquake Research Institute, University of Tokyo, 33*, 297–331. https://repository.dl.itc.u-tokyo.ac.jp/record/34017/files/ji0333006.pdf

Rivoldini, A., and Van Hoolst, T. (2013) The interior structure of Mercury constrained by the low-degree gravity field and the rotation of Mercury. *Earth and Planetary Science Letters, 377*, 62–72. doi: 10.1016/j.epsl.2013.07.021

Sabaka, T.J., Tøffner-Clausen, L., Olsen, N., and Finlay, C.C. (2020) CM6: a comprehensive geomagnetic field model derived from both CHAMP and Swarm satellite observations. *Earth Planets Space, 72*, 80. https://doi.org/10.1186/s40623-020-01210-5

Sanford, T. B. (1971) Motionally induced electric and magnetic fields in the sea. *Journal of Geophysical Research., 76(15)*, 3476–3492. doi:10.1029/JC076i015p03476

Schilling, N., Neubauer, F. M., and Saur, J. (2007) Time-varying interaction of Europa with the jovian magnetosphere: constraints on the conductivity of Europa's subsurface ocean. *Icarus, 192*, 41. 10.1016/j.icarus.2007.06.024

Schmidt, A. (1917) Erdmagnetismus. *Enzykl. Math. Wiss., 6*, 265–396.

Schmucker, U. (1970) Anomalies of geomagnetic variations in the southwestern United States, *Bulletin Scripps Institution of Oceanography, 13*, University of California Press.

Schuster, A. (1889) The diurnal variation of terrestrial magnetism. *Philosophical

Transactions of the Royal Society A, 180, 467–518. http://doi.org/10.1098/rsta.1889.0015

Segawa, J., and Toh, H. (1992) Detecting fluid circulation by electric field variations at the Nankai Trough. Earth and Planetary Science Letters, 109, 469–476. https://doi.org/10.1016/0012-821X(92)90107-7

Shkuratov, Y. G., and Bondarenko, N. V. (2001) Regolith layer thickness mapping of the moon by radar and optical data. Icarus, 149, 329–338. https://doi.org/10.1006/icar.2000.6545

Stacey, F., and Anderson, O. (2001) Electrical and thermal conductivities of Fe-Ni-Si alloy under core conditions. Physics of the Earth and Planetary Interiors., 124, 153–162. https://doi.org/10.1016/S0031-9201(01)00186-8

Swift, C. M. (1967) A magnetotelluric investigation of electrical conductivity anomaly in the southwestern United States. PhD Thesis Massachusetts Institute of Technology, Cambridge, MA. http://www.mtnet.info/papers/theses/1967_Swift_PhD.pdf

Toh, H., Hamano, Y., Ichiki, M., and Utada, H. (2004) Geomagnetic observatory operates at the seafloor in the Northwest Pacific Ocean. Eos Transactions American Geophysical Union, 85, 467–473. doi: 10.1029/2004EO450003

Toh, H., Hamano, Y., and Ichiki, M. (2006a) Long-term seafloor geomagnetic station in the northwest Pacific: A possible candidate for a seafloor geomagnetic observatory. Earth Planets Space, 58, 697–705.

Toh, H., Baba, K., Ichiki, M., Motobayashi, T., Ogawa, Y., Mishina, M., and Takahashi, I. (2006b) Two-dimensional electrical section beneath the eastern margin of Japan Sea. Geophysical Research Letters, 33, L22309. doi: 10.1029/2006GL027435

Toh, H., and Honma, S. (2008) Mantle upwelling revealed by genetic algorithm inversion of the magnetovariational anomaly around Kyushu island, Japan. Journal of Geophysical Research., 113, B10103. doi: 10.1029/2006JB004891

Toh, H., Satake, K., Hamano, Y., Fujii, Y., and Goto, T. (2011) Tsunami signals from the 2006 and 2007 Kuril earthquakes detected at a seafloor geomagnetic observatory. Journal of Geophysical Research., 116, B02104. doi: 10.1029/2010JB007873

Toh, H., and Hamano, Y. (2015) The two seafloor geomagnetic observatories operating in the western Pacific, In P. Favali, A. De Santis and L. Beranzoli (Eds.), Seafloor Observatories - A New Vision of the Earth from the Abyss (pp.307–323). Springer. doi: 10.1007/978-3-642-11374-1_12

Tyler, R. H., Maus, S., and Lühr, H. (2003) Satellite observations of magnetic fields due to ocean tidal flow. Science, 299, 239–24. doi: 10.1126/science.1078074

Tyler, R.H. (2005) A simple formula for estimating the magnetic fields generated by tsunami flow. Geophysical Research Letters, 32, L09608. doi: 10.1029/2005GL022429

Usui, Y., Uyeshima, M., Ogawa, T., Yoshimura, R., Oshiman, N., Yamaguchi, S., et al.

(2021) Electrical resistivity structure around the Atotsugawa fault, central Japan, revealed by a new 2-D inversion method combining wideband-MT and Network-MT data sets. *Journal of Geophysical Research: Solid Earth, 126*, e2020JB020904. https://doi.org/10.1029/2020JB020904

Vasseur, G., and Weidelt, P. (1977) Bimodal electromagnetic induction in non-uniform thin sheets with an application to the northern Pyrenean induction anomaly. *Geophysical Journal International, 51*, 669–690. https://doi.org/10.1111/j.1365-246X.1977.tb04213.x

Velímský, J., and Martinec, Z. (2005) Time-domain, spherical harmonic-finite element approach to transient three-dimensional geomagnetic induction in a spherical heterogeneous Earth. *Geophysical Journal International, 161*, 81–101. https://doi.org/10.1111/j.1365-246X.2005.02546.x

Vine, F., and Matthews, D. (1963) Magnetic anomalies over oceanic ridges. *Nature, 199*, 947–949. https://doi.org/10.1038/199947a0

Wardinski, I., Langlais, B., and Thébault, E. (2019) Correlated Time-Varying Magnetic Fields and the Core Size of Mercury. *Journal of Geophysical Research:. Planets, 124(8)*, 2178–2197. doi: 10.1029/2018JE005835

Wegener, A. (1915) Die Entstehung der Kontinente und Ozeane. Braunschweig, S.54.

Wegener, A. (1929) Die Entstehung der Kontinente und Ozeane. Braunschweig, S.172.

Weidelt, P. (1975) Electromagnetic induction in three-dimensional structures. *J. Geophys., 41*, 85–109. http://www.mtnet.info/papers/PeterWeidelt/Weidelt_1975_JGeophys.pdf

Whaler, K. (1980) Does the whole of the Earth's core convect? *Nature, 287*, 528–530. https://doi.org/10.1038/287528a0

Wiese, H. (1962) Geomagnetische Tiefentellurik, 2, Die Streichrichtung der Untergrundstrukturen des elektrischen Widerstandes, Erschlossen aus geomagnetischen Variationen. *Geofisica Pura e Applicata, 52*, 83–103.

Yabuzaki, T., and Ogawa, T. (1974), Rocket measurement of Sq ionospheric currents over Kagoshima, Japan, J. Geophys. Res., 79(13), 1999–2001, doi:10.1029/JA079i013p01999.

Zhang, P., Cohen, R., and Haule, K. (2015) Effects of electron correlations on transport properties of iron at Earth's core conditions. *Nature, 517*, 605–607. https://doi.org/10.1038/nature14090

Zhang, H., Khurana, K. K., Kivelson, M. G., Fatemi, S., Holmström, M., Angelopoulos, V., et al. (2016) Alfvén wings in the lunar wake: The role of pressure gradients. *Journal of Geophysical Research: Space Physics, 121*, 10,698–10,711. doi: 10.1002/2016JA022360

Zimmer, C., Khurana, K.K., and Kivelson, M. G. (2000) Subsurface oceans on Europa and Callisto: Constraints from galileo magnetometer observations. *Icarus, 147(2)*, 329–347. 10.1006/icar.2000.6456

犬井鉄郎（1962）特殊関数，岩波書店．

川島慶子（2000）フランス王立科学アカデミーの懸賞論文と 18 世紀科学の関係，名古屋
　　工業大学工学部：科学研究費補助金（基盤 C）報告書，全 86 頁．

藤　浩 明, Adam Schultz,　上 嶋　誠（2000）Electromagnetic Induction in Fully
　　Heterogeneous Spheres Using the Staggered Grid Finite Difference Method. *Bull.*
　　Earthq. Res. Inst., Univ. Tokyo, 75, 429–446.

藤　浩明, 桂　貴暉（2016）氷ガリレオ衛星内部の電磁誘導．日本地球惑星科学連合大会，
　　PPS11–P11，幕張．

水野浩雄（1994）地磁気．地学団体研究会（編），新版地学教育講座 1「地球をはかる」，
　　東海大学出版会，東京，99–143.

本林　勉（2007）古い海洋リソスフェア下の電気的構造，富山大学大学院理工学研究科
　　地球科学専攻修士論文，全 71 頁．

力武常次（1972）地球電磁気学，岩波書店，全 472 頁．

索引

著者略歴

藤　浩明（とう　ひろあき）

京都大学大学院理学研究科准教授。東京大学理学部地球物理学科卒。東京大学大学院理学系研究科
地球物理学専攻にて，博士号（理学）取得。東京大学海洋研究所助手，英国ケンブリッジ大学理論
地球物理学研究所で文部省在外研究員等を経て現職。第 29 次日本南極地域観測隊夏隊員。

地球惑星電磁気学　　　　　　　　　　　　　　　©Hiroaki Toh 2022

2022 年 9 月 30 日　初版第 1 刷発行

著　者　　藤　　　浩　明

発行人　　足　立　芳　宏

京都大学学術出版会

京 都 市 左 京 区 吉 田 近 衛 町 69 番 地
京都大学吉田南構内（〒606-8315）
電　話（075）761-6182
Ｆ Ａ Ｘ（075）761-6190
Home page http://www.kyoto-up.or.jp
振　替　01000-8-64677

ISBN 978-4-8140-0430-0
Printed in Japan

印刷・製本　亜細亜印刷株式会社
カバーデザイン　谷　なつ子
定価はカバーに表示してあります